KB079823

에코안다리아 가방과 모자

여름을 위한
코바늘 손뜨개

아사히신문출판 지음 · 김한나 옮김 · 정혜진 감수

지금이책

Contents

OI 클러치백

중심에 주름을 잡은 사선무늬 클러치백.
감싸서 뜨는 프레임을 사용해서 만들기도 쉽습니다.
파우치로 만들어서 이너백으로 사용해도 좋아요.

Design_Sachiyo*Fukao
How to make_P.38

02 마르셰백

장바구니처럼 견고하고 튼튼한 가방.
짧은뜨기로 지그재그 배색 라인을 표현한 뜨개 방법이 참신하네요.

Design_ 우노 지히로
How to make_P. 40

03 챙 넓은 모자

쓰기 편한 기본적인 밀짚모자.
챙을 둥글게 말아 올려도 좋고 푹 눌러써도 멋지답니다.

Design_ 하야카와 야스코
How to make_P.42

O4 버킷 숄더백

올록볼록 튀어나온 구슬뜨기 무늬가 귀여운 버킷백.
유행하는 미니 숄더백이라 옷차림에 포인트를 줄 수 있어요.

Design_Little Lion
How to make_P.44

O5 센터 턱 백

뜨기 쉬운 방법을 고집해서 디자인한 짧은뜨기 교차뜨기로 만든 가방.
입구 쪽에 주름을 잡아서 스타일리시한 실루엣으로 연출했습니다.

Design_ 하시모토 마유코
How to make_P.46

o6 플랫 파우치

개성적인 비침무늬가 사람들의 눈길을 끄는 납작한 파우치.
어깨끈의 길이는 원하는 대로 조절하세요.

Design_ 우노 지히로
How to make_P.43

07 비침무늬 리본을 단 모자

가는 실로 뜬 섬세한 리본을 단 모자.
머리에 쓰면 조금 너울거리는 챙도
여성스러운 느낌을 두드러지게 해요.

Design_marshell(가이 나오코)
How to make_P.48

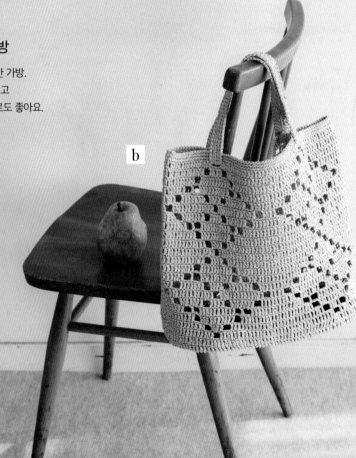

08 모눈뜨기로 만든 가방

모눈뜨기로 다이아몬드무늬를 표현한 가방.
가죽 바닥판을 사용해서 단정해 보이고
서류를 넣을 수 있어 사무용 가방으로도 좋아요.

Design_marshell(가이 나오코)
How to make_P.50

09 꽃무늬 가방

빨간 꽃이 일렬로 늘어선 귀여운 미니백.
무늬가 예쁘게 나타날 수 있게 뜨개 방법을 연구했습니다.
아동용 가방으로 사용해도 좋아요.

Design_ 아오키 에리코
How to make_P.52

IO 포크파이 해트

새로운 기본 아이템이 될 듯한 멋진 모자.
움푹 파인 윗부분이 디자인 포인트랍니다. 올여름에 꼭 도전해보세요.
* b는 아동용 사이즈.

Design_ 기도 다마미
How to make_P.54

II 버킷백

네이비 컬러의 리넨실과 에코안다리아를 겹쳐서 뜨면
매트하면서도 고급스럽게 완성됩니다.
캐주얼 차림이나 정장에 다 잘 어울려요.

Design_ 스기야마 도모
How to make_P.49

12 원숄더 백

전체적으로 적당한 비침무늬가 매력적인 가방.
구멍이 숭숭 뚫려 있어서 빨리 뜰 수 있습니다.
큼직해서 수납 능력도 매우 뛰어나요.

Design_ 하시모토 마유코
How to make_P.57

13 보태니컬무늬 가방

걸어뜨기와 구슬뜨기로 표현한 식물무늬의 마르셰백.
a는 스팽글이 들어간 면사와 에코안다리아를 겹쳐 함께 떠서
고급스럽게 빛나는 뜨개바탕이 매력적이에요.

Design_ 가네코 쇼코
How to make_P.58

b

I4 보터

모자 옆부분에 자연스러운 비침무늬를 넣은 보터.
샌드베이지색 바탕에 검은색 리본을 더해서
지나치게 캐주얼하지 않고 성숙해 보이는 분위기를 연출했습니다.

Design_ 후카세 도모미
How to make_P.6o

15 프릴 백

입구의 프릴이 포인트인 가방이에요.
여름 복장에 잘 어울리는 비비드한 컬러를 선택하세요.

Design_ 하야카와 야스코
How to make_P.62

16 짧은뜨기로 만든 토트백

본체와 옆판 모두 중심에서부터 네모나게 돌려 떠서 나중에 조립합니다.
짧은뜨기만으로 튼튼하게 뜬 가방은 작지만 믿음직스러워요.

Design_ 기도 다마미
How to make_P.64

17 네트백

그물뜨기를 이용해 직사각형으로 떠서 주름을 넣어가며
입구 둘레의 코를 주워 그래니백 모양으로 완성했습니다.
크기가 넉넉해서 장을 볼 때 사용해도 좋아요.

Design_ 스기야마 도모
How to make_P.66

I8 프릴 모자

챙에 사슬뜨기로 만든 프릴을 붙인 클로슈.
가는 실로 떠서 부드럽고 섬세한 느낌으로 완성했습니다.

Design_ 오카모토 게이코
Making_ 미야모토 마유미
How to make_P.68

19 꽃 모티프 가방

입체적인 꽃 모티프가 귀여운 그래니백.
색상에 따라 분위기가 달라지므로
자신이 좋아하는 색을 선택해 조합해보세요.

Design_ 가와지 유미코
How to make_P.70

20 서클백

걸어뜨기로 나뭇잎무늬를 표현한 인상적인 원형 가방.
심플한 옷차림에서 돋보이는 주인공 역할을 한답니다.

Design_ 기도 다마미
How to make_P.72

2I 리본을 단 가방

채도가 낮은 분홍색과 비침무늬 리본이 귀여운 소녀 느낌의 가방.
입구에는 프릴을 떠서 한층 더 사랑스러워 보여요.

Design_ 가와지 유미코
How to make_P.74

22 스퀘어백

종이가방 같은 형태를 표현한 가방.
손으로 들었을 때 옆판 부분에서 살짝 엿보이는
배색 꽃무늬가 특별히 멋스럽답니다.

Design_ 오카모토 게이코
Making_ 사에키 스가코
How to make_P.76

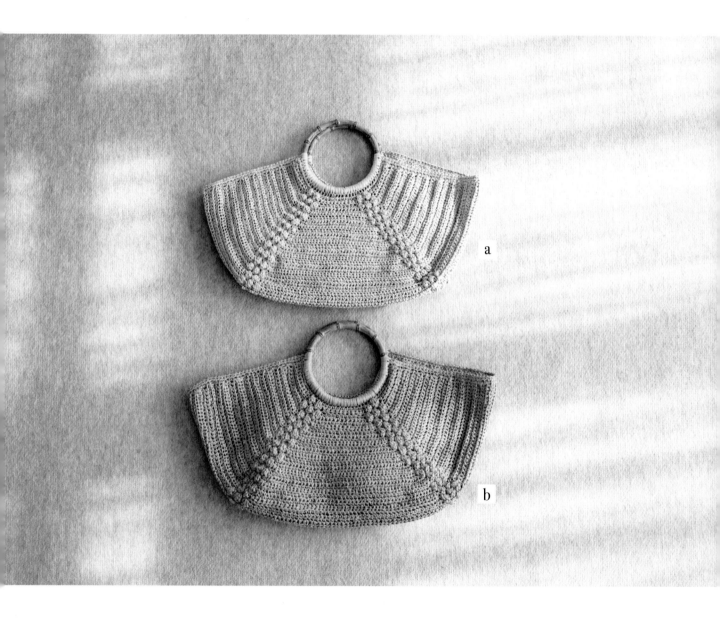

a

b

23 대나무 핸들 백

구슬뜨기로 라인 효과를 준 반달 모양 가방.
손잡이 쪽부터 본체 2장을 뜨고 바닥 부분에서 연결합니다.
대나무 핸들을 달아 자연스러운 느낌으로 완성했습니다.

Design_ 가네코 쇼코
How to make_P.78

24 둘러싸서 짧은뜨기로 만든 가방

'둘러싸서 짧은뜨기'는 굵고 부드러운 끈을 감싸며 뜨는 방법으로
단시간에 부피감 있게 뜰 수 있는 독창적인 뜨개 방법입니다.
평면으로 떠서 접으면 예쁜 모양으로 완성된답니다.

Design_ 후카세 도모미
How to make_P.80

25 체인 백

기하학적인 무늬를 연출한 덮개가 있는 핸드백에
금색 부자재와 체인을 더해서 한층 더 고급스러워 보입니다.
특별한 외출 시 활용해보세요.

Design_marshell(가이 나오코)
How to make_P.82

26 원마일 백

집 근처에 외출할 때 쓰임새가 많은 미니 토트백.
뜨개바탕을 겹치고 중심을 검은색으로 빼뜨기해서 주머니를 만들었습니다.

Design_ 아오키 에리코
How to make_P.69

27 투웨이 백

짧은뜨기, 걸어뜨기, 긴뜨기로만 뜨는데도
배색 덕분에 참신한 무늬가 드러납니다.
가방을 드는 방법에 따라 마르셰백이 되기도 하고
버킷백이 되기도 해요.

Design_marshell(가이 나오코)
How to make_P.84

28 백 슬릿 클로슈

뒤쪽 가운데에 슬릿을 넣은 심플한 클로슈.
뜨기 쉽고 누구나 쓸 수 있는 디자인이에요.

Design_ 가네코 쇼코
How to make_P.90

29 메리야스짧은뜨기로 만든 가방

마켓백 느낌을 연출한 넉넉한 크기의 배색무늬 가방.
시간은 조금 걸리지만 튼튼하고 예쁜 무늬로 완성되는 것이
메리야스짧은뜨기만의 특징이에요.

Design_ 기도 다마미
How to make_P.86

30 바이컬러 캡

유행하는 캡을 블랙×샌드베이지의 바이컬러로
떠서 차분한 느낌을 연출했습니다.
큼직한 챙이 특징이에요.
마지막 단에는 테크노로트를 넣어서 형태를 유지할 수 있답니다.

Design_기도 다마미
How to make_P.88

뜨개질을 시작하기 전에

실 | *실 샘플은 실물 두께

에코안다리아

목재 펄프를 원료로 한 레이온 100퍼센트의 천연 소재 실. 감촉이 보송보송하고 시원하며 색상도 다양합니다.

에코안다리아 크로셰

에코안다리아에 비해 두께가 반 정도로 가는 실. 탄력과 장력이 적당해서 섬세한 뜨개질을 할 수 있습니다.

실끝을 꺼내는 방법

에코안다리아는 비닐봉지에 넣은 상태로 실타래 안쪽에서 실끝을 꺼내 사용합니다. 라벨을 벗기면 실이 풀려서 뜨기 어려워지므로 벗기지 않도록 주의하세요.

게이지에 대해서

게이지란 일정한 크기(사진은 10㎝×10㎝) 안에 몇 코, 몇 단이 들어가는지를 나타냅니다. 책과 똑같은 바늘을 사용해도 뜨는 사람의 실을 당기는 힘에 따라 게이지가 달라질 수 있습니다. 모자는 쓰지 못하게 될 수도 있으니 15㎝×15㎝ 정도의 뜨개바탕을 시험 삼아 떠서 게이지를 측정하고 표시한 게이지와 다를 경우에는 다음 방법으로 조정하세요.

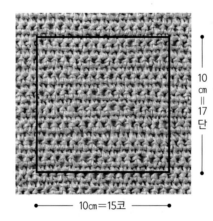

10㎝ = 17단
10cm＝15코

콧수, 단수가 게이지보다 더 많은 경우

실을 빡빡하게 당겨서 뜨는 경우 완성 치수가 작품보다 작아집니다. 책보다 1~2호 굵은 바늘로 뜨세요.

콧수, 단수가 게이지보다 더 적은 경우

실을 느슨하게 해서 뜨는 경우 완성 치수가 작품보다 커집니다. 책보다 1~2호 가는 바늘로 뜨세요.

편리한 도구

테크노로트 / 테크노로트 L

(H204-593) (H430-058)

형상을 유지할 수 있는 심 부자재. 모자 챙 등에 심으로 사용해 함께 감싸서 뜨면 형태를 유지할 수 있습니다. L은 굵은 타입.

열수축 튜브

(H204-605)

테크노로트 끝부분을 처리할 때 사용합니다.

스프레이 풀

(H204-614)

스팀다리미로 모양을 잡은 뒤 에코안다리아 전용 스프레이 풀을 뿌리면 형태를 오래 유지할 수 있습니다.

발수 스프레이

(H204-634)

에코안다리아는 흡수성이 높은 소재이므로 발수 스프레이를 뿌려서 발수, 방염 효과를 주는 것을 추천합니다.

기본 테크닉

・ 테크노로트를 감싸서 뜨는 방법

시작

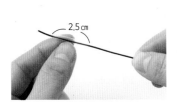   

1 열수축 튜브를 2.5㎝ 길이로 잘라서 테크노로트에 끼운다.

2 테크노로트를 튜브 끝으로 뺀 뒤 반으로 접고 여러 번 꼬아서 고리를 만든다. 꼰 부분을 튜브 안으로 다시 집어넣고 드라이어의 온풍으로 가열해 튜브를 수축시킨다.

3 사슬뜨기로 기둥코를 만들고 시작 부분의 코와 테크노로트를 꼬아 만든 고리에 코바늘을 넣어서 짧은뜨기한다.

4 그런 다음 테크노로트를 감싸서 짧은뜨기한다.

마무리

1 마지막코에서 5코 정도 전까지 뜨면 모양을 잡는다.

2 테크노로트를 5코의 2배 길이로 남기고 자른다.

3 시작 **1**, **2**와 같은 방법으로 열수축 튜브를 끼운 뒤 테크노로트를 꼬아서 고리를 만든다.

4 마지막코 전까지 뜨면 시작 **3**과 같은 방법으로 마지막코와 테크노로트를 꼬아 만든 고리에 코바늘을 넣어 짧은뜨기한다.

・ 사슬 연결하기 ＊쉽게 이해할 수 있도록 **2~4**는 실의 색을 바꿨습니다.

1 작품을 다 뜨고 나면 실은 15㎝ 정도 남기고 자른 다음 코바늘을 빼서 실끝을 빼낸다.

2 실끝을 돗바늘에 끼우고 첫코의 머리(실 2가닥)에 바늘을 통과시킨다.

3 그런 다음 마지막코의 머리 가운데로 바늘을 넣는다.

4 실을 빼서 사슬 1코를 만든다. 첫코와 마지막코가 연결되어 깔끔하게 완성된다.

작품을 마무리하는 방법

모자나 가방 안에 수건 및 신문지 등을 채워 넣어서 모양을 잡습니다(**a**). 스팀다리미를 뜨개바탕에서 조금 띄워서 스팀을 쐬어주고 모양을 잡아서 마를 때까지 그대로 둡니다(**b**). 마지막으로 스프레이 풀을 뿌려주면 형태를 유지할 수 있습니다. 모자의 경우 윗부분, 옆부분을 뜬 상태에서 스팀다리미를 한번 대주면 형태가 잘 유지되므로 추천합니다(**c**).

a   **b**   **c**

OI 클러치백 Photo_P.3

| 실 | 하마나카 에코안다리아(40g 1볼)
라임옐로(19) 60g

| 바늘 | 하마나카 아미아미 양쪽 코바늘 라쿠라쿠 7/0호

| 기타 | 하마나카 뜨개용 프레임
(13㎝/H207-021-4) 1세트

| 게이지 | 짧은뜨기 18코=10㎝, 5단=2.5㎝
①무늬뜨기 5무늬(15코)=8㎝, 10단=12㎝

| 완성 치수 | 그림 참조

| 뜨는 방법 | 실 1가닥으로 뜹니다.
바닥은 사슬 33코로 시작코를 만들고 짧은뜨기로 도안과 같이 코를
늘려가며 뜹니다. 그런 다음 본체를 짧은뜨기와 ①무늬뜨기로 콧수
증감 없이 뜨고 ②무늬뜨기로 2단을 뜬 뒤 실을 자릅니다. 옆쪽에
실을 새로 연결해서 두 군데 주름을 잡아가며 1단을 뜹니다. 프레임
을 짧은뜨기로 감싸서 뜹니다.

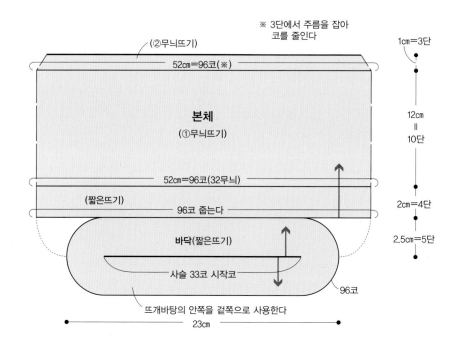

※ 3단에서 주름을 잡아
코를 줄인다

(②무늬뜨기)

52㎝=96코(※)

본체
(①무늬뜨기)

52㎝=96코(32무늬)

(짧은뜨기)

96코 줄인다

바닥(짧은뜨기)

사슬 33코 시작코

뜨개바탕의 안쪽을 겉쪽으로 사용한다

96코

23㎝

1㎝=3단

12㎝
=
10단

2㎝=4단

2.5㎝=5단

프레임을 감싸서 뜨는 방법

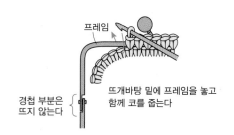

프레임

경첩 부분은
뜨지 않는다

뜨개바탕 밑에 프레임을 놓고
함께 코를 줄인다

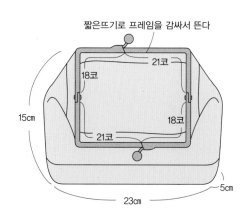

짧은뜨기로 프레임을 감싸서 뜬다

21코

18코

18코

21코

15㎝

23㎝

5㎝

주름을 잡는 방법

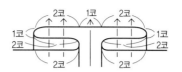

그림과 같이 두 번 접어서
3장을 겹치고 짧은뜨기를
2코씩 줍는다

※ 프레임 한쪽을 감싸서 뜨고 나면
실을 자르고 다른 한쪽에 실을 연결해서 뜬다

※ 프레임을
감싸서 뜬다

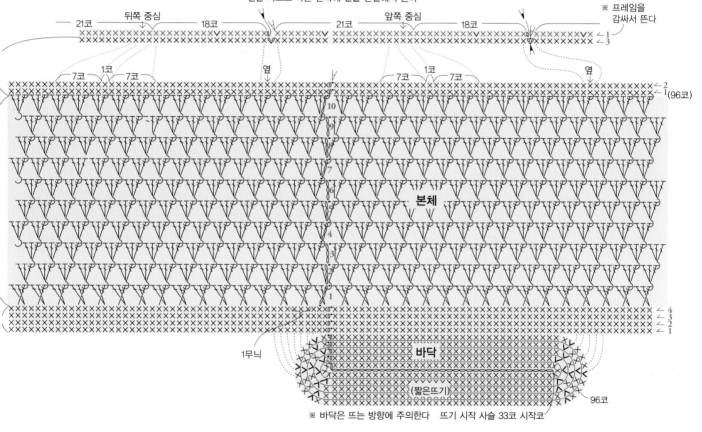

뒤쪽 중심 · 21코 · 18코 · 21코 앞쪽 중심 · 18코 · 옆

7코 1코 7코 · 옆 · 7코 1코 7코

본체

(96코)

1무늬

바닥

(짧은뜨기)

96코

※ 바닥은 뜨는 방향에 주의한다   뜨기 시작 사슬 33코 시작코

바닥의 콧수와 코 늘리기

단	콧수	코 늘리기
5	96코	각 단마다 6코씩 늘린다
4	90코	
3	84코	
2	78코	
1	시작코에서 72코를 줍는다	

∨ = ⋎ 짧은뜨기 2코 늘려뜨기

= 한길긴뜨기 앞걸어뜨기를 하고
같은 코머리에 한길긴뜨기 2코를 뜬다

 = 4, 7, 10단의 시작 부분은 빼뜨기하고
아랫단 한길긴뜨기의 다리에 바늘을 넣어서
기둥코 사슬 첫코를 뜬다

※②무늬뜨기 1단의 ⋎도 같은 방법으로 뜬다

↗ = 실을 연결한다

↗ = 실을 자른다

| 실 | 하마나카 에코안다리아(40g 1볼)
베이지(23) 220g, 검정(30), 블루그린(63),
다크오렌지(69), 카키(59) 각 15g
| 바늘 | 하마나카 아미아미 양쪽 코바늘 라쿠라쿠 6/0호
| 게이지 | 무늬뜨기 19코 18단=10cm×10cm
| 완성 치수 | 너비 27cm, 높이 25.5cm, 바닥 10cm

| 뜨는 방법 | 실 1가닥을 사용해서 지정한 부분 외에는 베이지색으로 뜹니다. 바닥은 사슬 42코로 시작코를 만들고 짧은뜨기와 사슬뜨기로 도안과 같이 코를 늘려가며 뜹니다. 그런 다음 코를 140코로 줄여서 본체를 지정한 배색대로 무늬뜨기합니다. 배색실은 바탕실로 감싸서 걸칩니다. 44단까지 뜬 뒤 비틀어 짧은뜨기로 1단을 뜹니다. 어깨끈은 사슬 125코로 시작코를 만들고 변형 짧은뜨기로 뜹니다. 똑같은 어깨끈 1개를 더 뜬 뒤 지정한 위치에 감침질해서 연결합니다. 본체는 스팀다리미를 사용해서 네모나게 모양을 잡습니다.

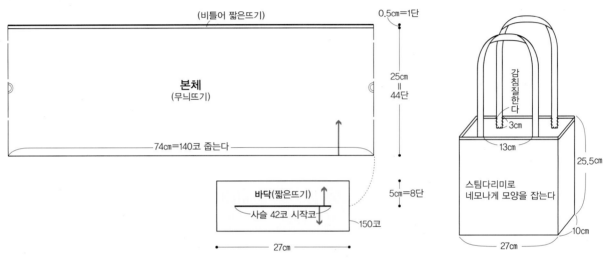

● 무늬뜨기 방법

1 본체 4단. 사슬 1코로 기둥코를 만들고 검정 실을 감싸서 짧은뜨기로 3코를 뜬 뒤 4번째 코를 빼낼 때 검정 실로 바꾼다. 이때 베이지색 실을 뜨개바탕 앞쪽에서 바늘에 걸어 함께 빼내면 코가 꽉 조여서 안정적이다.

2 실이 검정으로 바뀐 상태. 아랫단의 3코 이전에 있는 코에 바늘을 넣어서 검정 실을 길게 뺀다.

3 베이지색 실로 바꿔서 화살표와 같이 3단 아래쪽에 바늘을 넣어서 실을 길게 뺀다.

4 베이지색 실을 바늘에 걸고 걸려 있던 고리를 한 번에 빼낸다. 이때 1과 같은 방법으로 검정 실을 뜨개바탕 앞쪽에서 바늘에 걸어 어놓는다.

5 실을 빼낸 상태. 검정과 베이지로 짧은뜨기 2코 모아뜨기를 한 것처럼 된다. 이렇게 1 무늬 완성.

6 베이지색으로 짧은뜨기 3코를 뜨고 나면 4번째 코에서 1과 같은 방법으로 실을 검정으로 바꾼다. **2~5**를 반복해서 뜬다.

7 1단을 뜬 뒤 마지막 빼뜨기를 할 때 검정 실로 바꿔서 빼낸다.

8 5단. 사슬로 기둥코를 만들고 3코 이전에 있는 코에 바늘을 넣어서 같은 방법으로 뜬다. 이 단의 마지막 짧은뜨기는 검정 실을 피해서 뜬다. 그다음부터는 배색실을 바꿔가며 도안과 같이 뜬다.

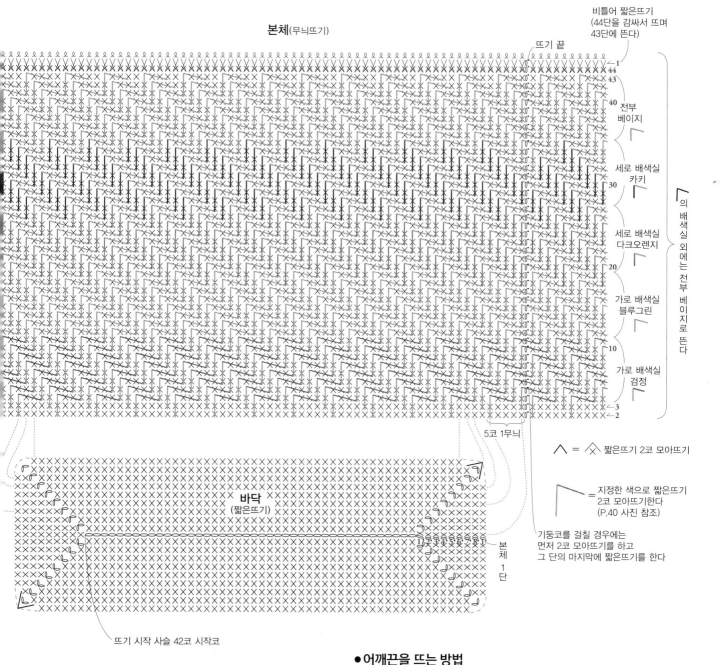

본체(무늬뜨기)

비틀어 짧은뜨기
(44단을 감싸서 뜨며
43단에 뜬다)

뜨기 끝

44
43
40 전부
베이지
세로 배색실
카키
30
세로 배색실
다크오렌지
20
가로 배색실
블루그린
10
가로 배색실
검정
3
2
1

의 배색실 외에는 전부 베이지로 뜬다

5코 1무늬

⋀ = ⋀ 짧은뜨기 2코 모아뜨기

= 지정한 색으로 짧은뜨기
2코 모아뜨기한다
(P.40 사진 참조)

기둥코를 걸칠 경우에는
먼저 2코 모아뜨기를 하고
그 단의 마지막에 짧은뜨기를 한다

바닥
(짧은뜨기)

본체
1
단

뜨기 시작 사슬 42코 시작코

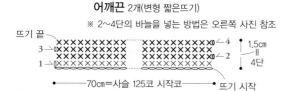

어깨끈 2개(변형 짧은뜨기)
※ 2~4단의 바늘을 넣는 방법은 오른쪽 사진 참조

뜨기 끝
4
3
2
1
뜨기 시작

1.5cm
=
4단

70cm=사슬 125코 시작코

● 어깨끈을 뜨는 방법

1 2단. 아랫단의 짧은뜨기에 화살표와 같이 바늘을 넣고 감싸듯이 짧은뜨기한다.

2 3단. 2단 아래 짧은뜨기의 코머리(아랫단 짧은뜨기의 코와 코 사이)에 바늘을 넣어서 뜬다.

3 4단. 3단과 같은 방법으로 2단 아래 짧은뜨기의 코머리(아랫단 짧은뜨기의 코와 코 사이)에 바늘을 넣어서 뜬다.

03 챙 넓은 모자 Photo_P.5

실	하마나카 에코안다리아(40g 1볼) 카키(59) 130g
바늘	하마나카 아미아미 양쪽 코바늘 라쿠라쿠 6/0호
기타	하마나카 테크노로트(H204-593) 490㎝, 열수축 튜브(H204-605) 5㎝
게이지	짧은뜨기 14.5코 18.5단=10㎝×10㎝
완성 치수	머리둘레 58㎝, 높이 16㎝

뜨는 방법 | 실 1가닥으로 뜹니다.

크라운은 원형 시작코를 잡아 짧은뜨기 6코를 넣어 뜹니다. 2단부터는 도안과 같이 코를 늘려가며 30단까지 뜹니다. 그런 다음 챙을 짧은뜨기로 도안과 같이 코를 늘려가며 뜨고 16~19단은 테크노로트를 감싸서 뜹니다. 마지막 단은 되돌아 짧은뜨기를 합니다. 사슬뜨기로 끈과 끈 통과 고리를 만든 뒤 지정한 위치에 끈 통과 고리를 답니다. 끈을 끼워서 뒤쪽 중심에서 묶어줍니다.

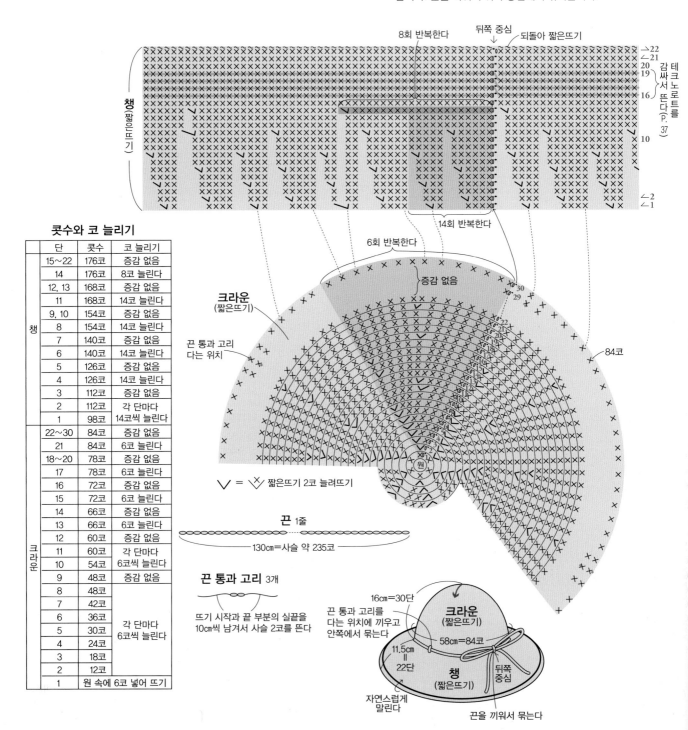

콧수와 코 늘리기

	단	콧수	코 늘리기
챙	15~22	176코	증감 없음
	14	176코	8코 늘린다
	12, 13	168코	증감 없음
	11	168코	14코 늘린다
	9, 10	154코	증감 없음
	8	154코	14코 늘린다
	7	140코	증감 없음
	6	140코	14코 늘린다
	5	126코	증감 없음
	4	126코	14코 늘린다
	3	112코	증감 없음
	2	112코	각 단마다
	1	98코	14코씩 늘린다
크라운	22~30	84코	증감 없음
	21	84코	6코 늘린다
	18~20	78코	증감 없음
	17	78코	6코 늘린다
	16	72코	증감 없음
	15	72코	6코 늘린다
	14	66코	증감 없음
	13	66코	6코 늘린다
	12	60코	증감 없음
	11	60코	각 단마다
	10	54코	6코씩 늘린다
	9	48코	증감 없음
	8	48코	
	7	42코	
	6	36코	각 단마다
	5	30코	6코씩 늘린다
	4	24코	
	3	18코	
	2	12코	
	1	원 속에 6코 넣어 뜨기

크라운
(짧은뜨기)

8회 반복한다

뒤쪽 중심

되돌아 짧은뜨기

테크노로트를 감싸서 뜬다(P.37)

14회 반복한다

6회 반복한다

증감 없음

끈 통과 고리 다는 위치

V = 짧은뜨기 2코 늘려뜨기

84코

끈 1줄

130cm=사슬 약 235코

끈 통과 고리 3개

뜨기 시작과 끝 부분의 실끝을 10cm씩 남겨서 사슬 2코를 뜬다

16cm=30단

끈 통과 고리를 다는 위치에 끼우고 안쪽에서 묶는다

크라운
(짧은뜨기)

58cm=84코

11.5cm = 22단

챙
(짧은뜨기)

뒤쪽 중심

자연스럽게 말린다

끈을 끼워서 묶는다

o6 플랫 파우치 Photo_P.8

실 | 하마나카 에코안다리아(40g 1볼) 베이지(23) 130g
바늘 | 하마나카 아미아미 양쪽 코바늘 라쿠라쿠 6/0호
게이지 | ①무늬뜨기 21코=10cm, 1무늬(8단)=5.5cm
완성 치수 | 가로 21.5cm, 세로 29.5cm
뜨는 방법 | 실 1가닥으로 뜹니다.

사슬 45코로 시작코를 만들고 시작코의 양쪽에서 90코를 주워서 ①무 늬뜨기로 각 단마다 뜨는 방향을 바꿔가며 원통 모양으로 뜹니다. 그런 다음 입구에 테두리뜨기를 하는데 이때 끈 통과 구멍을 만들어가며 뜹 니다. 끈은 사슬 220코로 시작코를 만들고 ②무늬뜨기로 2줄을 뜬 뒤 끈 통과 구멍에 끼워서 묶어줍니다.

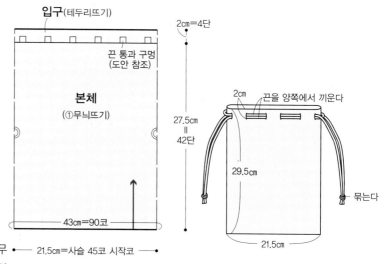

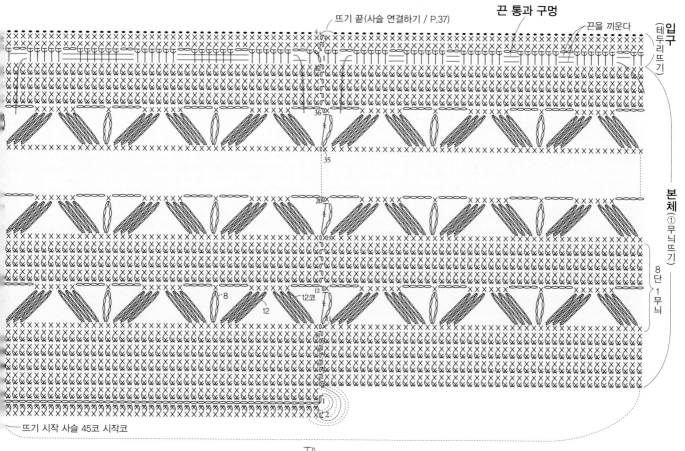

XX =실제로 뜰 때는 안쪽에서 앞걸어뜨기 를 뜬다

사슬 4코를 뜨고
뜨기 끝 부분의 코 1가닥과 다리,
뜨기 시작 부분의 코를
함께 주워서 두길긴뜨기한다

43

| 실 | 하마나카 에코안다리아(40g 1볼)
a 민트그린(902) 105g / b 실버(173) 105g
| 바늘 | 하마나카 아미아미 양쪽 코바늘 라쿠라쿠 5/0호
| 게이지 | 무늬뜨기 19코 21단=10cm×10cm
짧은뜨기 19코=10cm, 11단=5.5cm
| 완성 치수 | 그림 참조

| 뜨는 방법 | 실 1가닥으로 뜹니다.
바닥은 사슬 4코로 시작코를 만들고 짧은뜨기로 도안과 같이 코를 늘려가며 뜹니다. 본체는 각 단마다 뜨는 방향을 바꿔가며 무늬뜨기와 짧은뜨기를 사용해서 원통 모양으로 뜹니다. 지정한 위치에 입구 여밈끈의 통과 구멍을 만듭니다. 어깨끈은 사슬 230코로 시작코를 만들어서 도안과 같이 뜹니다. 입구 여밈끈은 사슬 100코를 떠서 끈 통과 구멍에 둘러 끼운 뒤 사슬코 뒤쪽의 코산에 바늘을 넣어서 빼뜨기합니다. 끈 스토퍼는 사슬 3코로 시작코를 만들어서 짧은뜨기로 뜹니다. 입구 여밈끈을 도안과 같이 스토퍼 사이에 넣고 스토퍼를 반으로 접어서 가운데를 꿰매 고정합니다. 어깨끈을 본체에 감침질해서 연결합니다.

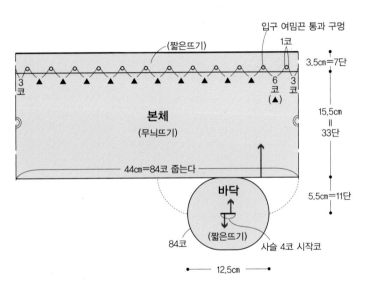

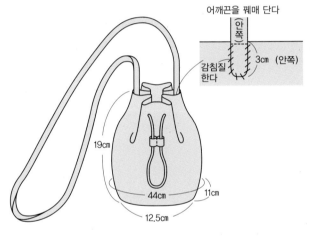

입구 여밈끈을 끼우는 방법

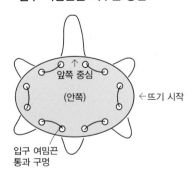

끈 스토퍼
1개(짧은뜨기)

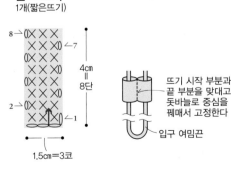

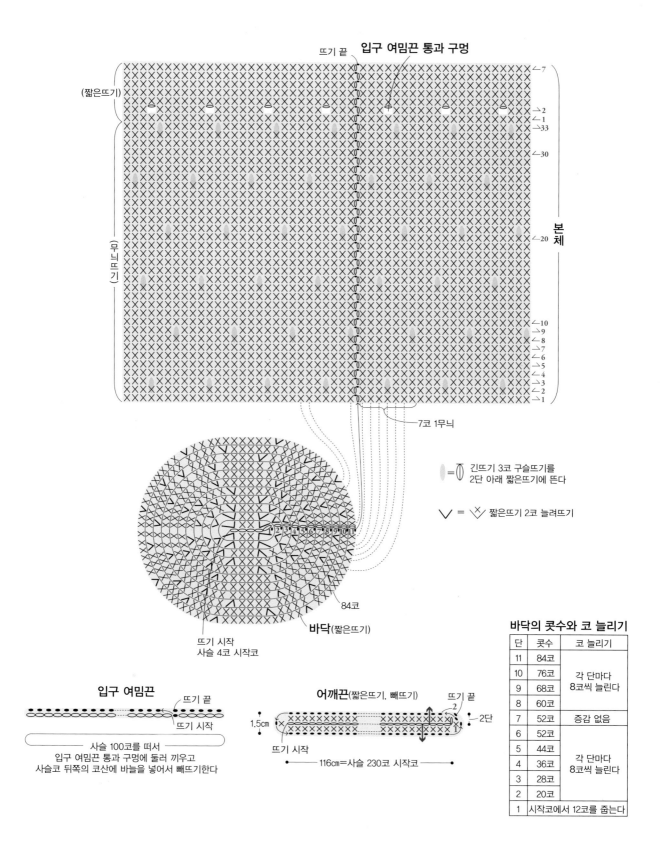

입구 여밈끈 통과 구멍

뜨기 끝

(짧은뜨기)

←7

→2
→1
←33

←30

본
체

(무늬뜨기)

←20

←10
←9
→8
←7
→6
→5
←4
→3
→2
←1

7코 1무늬

= 긴뜨기 3코 구슬뜨기를
2단 아래 짧은뜨기에 뜬다

∨ = 짧은뜨기 2코 늘려뜨기

84코

바닥(짧은뜨기)

뜨기 시작
사슬 4코 시작코

입구 여밈끈

뜨기 끝
뜨기 시작

사슬 100코를 떠서
입구 여밈끈 통과 구멍에 둘러 끼우고
사슬코 뒤쪽의 코산에 바늘을 넣어서 빼뜨기한다

어깨끈(짧은뜨기, 빼뜨기)

뜨기 끝
1.5cm
2단
뜨기 시작
← 116cm=사슬 230코 시작코 →

바닥의 콧수와 코 늘리기

단	콧수	코 늘리기
11	84코	
10	76코	각 단마다 8코씩 늘린다
9	68코	
8	60코	
7	52코	증감 없음
6	52코	
5	44코	
4	36코	각 단마다 8코씩 늘린다
3	28코	
2	20코	
1	시작코에서 12코를 줍는다	

45

O5 센터 턱 백 Photo_P.7

|실| 하마나카 에코안다리아(40g 1볼)
오프화이트(168) 220g

|바늘| 하마나카 아미아미 양쪽 코바늘 라쿠라쿠 6/0호

|게이지| 무늬뜨기 22코 11단=10cm×10cm
짧은뜨기(바닥) 16.5코=10cm, 16단=9cm

|완성 치수| 그림 참조

|뜨는 방법| 실 1가닥으로 뜹니다.

바닥은 사슬 48코로 시작코를 만들고 짧은뜨기로 콧수 증감 없이 16단을 뜹니다. 본체는 바닥 둘레에서 코를 주워서 무늬뜨기로 32단을 뜬 뒤 실을 자릅니다. 지정한 위치에 실을 연결해서 짧은뜨기로 입구를 뜨는데 이때 앞뒤 중심에 주름을 잡아 겹친 후 코를 줍습니다. 짧은뜨기로 7단을 뜬 뒤 손잡이를 중간까지 뜹니다. 반대쪽에 실을 연결해서 같은 방법으로 손잡이를 중간까지 뜨고 서로 맞대어 휘갑치기합니다.

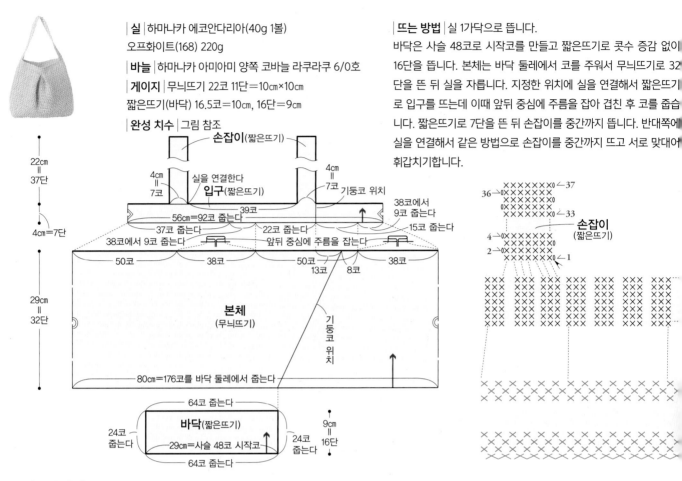

● **무늬뜨기 방법** * 쉽게 이해할 수 있도록 실의 색을 바꿔서 설명했습니다.
본체 1단

1 사슬로 기둥코를 만들어서 다음 코에 짧은뜨기한다.

2 첫코로 되돌아가서 바늘을 넣고 1에서 뜬 코를 감싸듯이 짧은뜨기한다. '짧은뜨기 교차뜨기'로 1무늬 완성(✕).

3 그런 다음 옆 코에 바늘을 넣어서 짧은뜨기한다.

4 1과 같은 자리에 바늘을 넣고 3의 코를 감싸듯이 짧은뜨기한다. 짧은뜨기 교차뜨기로 2무늬 완성(✕✕). 같은 코에 바늘을 두 번 넣었기 때문에 1코가 늘어났다.

5 다음 코는 1코를 건너뛰어 짧은뜨기한 뒤 건너뛴 1코에 짧은뜨기한다. **1~5**를 반복한다.

6 모서리는 기둥코의 사슬과 짧은뜨기 사이에 바늘을 넣어서 뜬다.

7 마지막 짧은뜨기의 코머리에 바늘을 넣어서 뜬다.

8 다음 코는 짧은뜨기의 다리 1가닥에 바늘을 넣어서 뜬 뒤 **6**과 같은 자리에 뜬다.

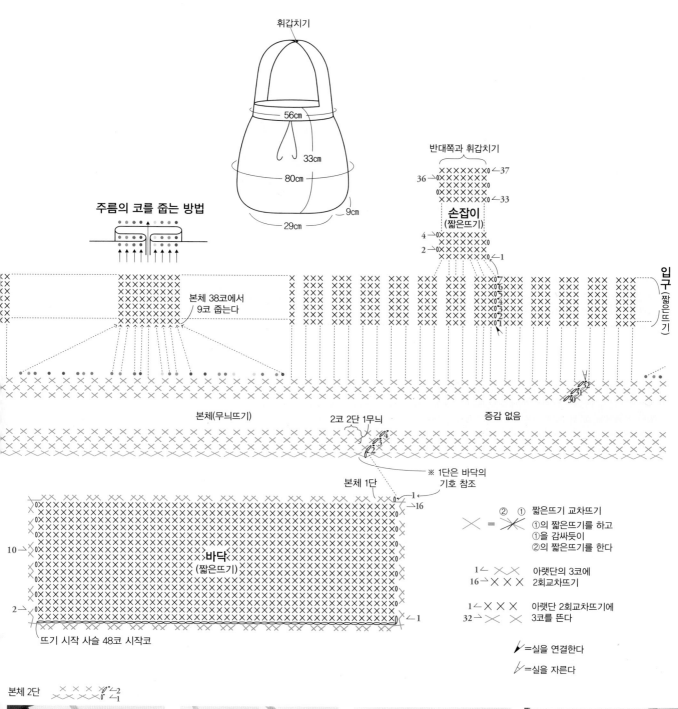

휘갑치기

56cm

33cm

80cm

9cm

29cm

주름의 코를 줍는 방법

반대쪽과 휘갑치기

36 ←37

←33

손잡이
(짧은뜨기)

4
2 ←1

본체 38코에서
9코 줍는다

입구
(짧은뜨기)

본체(무늬뜨기)

2코 2단 1무늬

증감 없음

※ 1단은 바닥의
기호 참조

본체 1단

바닥
(짧은뜨기)

10→

2→ ←1

뜨기 시작 사슬 48코 시작코

② ① 짧은뜨기 교차뜨기
✕ = ①의 짧은뜨기를 하고
①을 감싸듯이
②의 짧은뜨기를 한다

1↙ ✕✕ 아랫단의 3코에
16→✕ ✕ ✕ 2회교차뜨기

1↙ ✕ ✕ ✕ 아랫단 2회교차뜨기에
32→ ✕ ✕ 3코를 뜬다

↙=실을 연결한다

↙=실을 자른다

본체 2단 ✕✕✕ ←2
✕✕✕✕ ←1

9 사슬로 기둥코를 만들어서 아랫단 첫코의 짧은뜨기 코머리에 짧은뜨기한다.

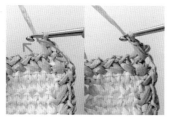

10 사슬로 만든 기둥코를 걸치듯이 아랫단 마지막코에 바늘을 넣어 짧은뜨기한다.

11 1코를 건너뛰어 짧은뜨기한 뒤 건너뛴 코로 되돌아가서 짧은뜨기한다.

12 그다음부터는 11의 방법으로 뜬다.

O7 비침무늬 리본을 단 모자 Photo_P.9

실 | 하마나카 에코안다리아(40g 1볼) 베이지(23) 120g
하마나카 에코안다리아 크로셰(30g 1볼) 검정(807) 30g

바늘 | 하마나카 아미아미 양쪽 코바늘 라쿠라쿠 5/0호, 4/0호

게이지 | 짧은뜨기(5/0호 코바늘)
16.5코 21단=10cm×10cm
무늬뜨기 1무늬(4단)=2.5cm

완성 치수 | 머리둘레 59cm, 높이 16.5cm

뜨는 방법 | 실 1가닥을 사용해서 모자는 에코안다리아를 5/0호 바늘로 뜨고 리본은 에코안다리아 크로셰를 4/0호 바늘로 뜹니다.
크라운은 원형 시작코를 잡아 짧은뜨기 7코를 넣어 뜹니다. 2단부터는 도안과 같이 코를 늘려가며 35단까지 뜹니다. 그런 다음 챙을 도안과 같이 코를 늘려가며 짧은뜨기하고 마지막 단은 되돌아 짧은뜨기합니다. 리본A, B는 각각 사슬코로 시작코를 만들고 도안과 같이 떠서 크라운에 감은 뒤 리본B로 A의 교차 부분을 고정합니다. 크라운 곳곳에 꿰매서 고정합니다.

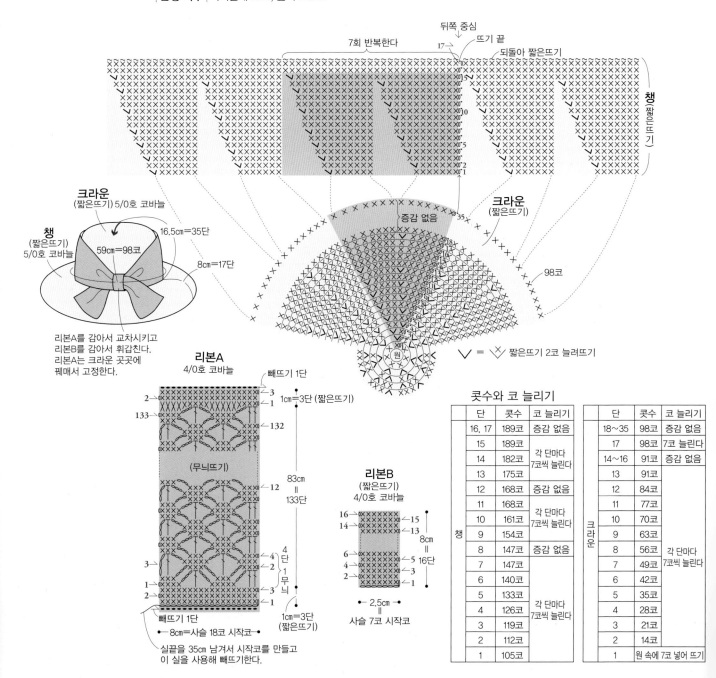

리본A를 감아서 교차시키고 리본B를 감아서 휘갑친다. 리본A는 크라운 곳곳에 꿰매서 고정한다.

리본A 4/0호 코바늘
리본B (짧은뜨기) 4/0호 코바늘

$\vee$ = 짧은뜨기 2코 늘려뜨기

콧수와 코 늘리기

	단	콧수	코 늘리기
챙	16, 17	189코	증감 없음
	15	189코	각 단마다 7코씩 늘린다
	14	182코	
	13	175코	
	12	168코	증감 없음
	11	168코	각 단마다 7코씩 늘린다
	10	161코	
	9	154코	
	8	147코	증감 없음
	7	147코	각 단마다 7코씩 늘린다
	6	140코	
	5	133코	
	4	126코	
	3	119코	
	2	112코	
	1	105코	

	단	콧수	코 늘리기
크라운	18~35	98코	증감 없음
	17	98코	7코 늘린다
	14~16	91코	증감 없음
	13	91코	각 단마다 7코씩 늘린다
	12	84코	
	11	77코	
	10	70코	
	9	63코	
	8	56코	
	7	49코	
	6	42코	
	5	35코	
	4	28코	
	3	21코	
	2	14코	
	1	원 속에 7코 넣어 뜨기	

II 버킷백 Photo_P.14

| 실 | 하마나카 에코안다리아(40g 1볼) 검정(30) 110g
하마나카 플랙스C(25g 1볼) 네이비(7) 70g

| 바늘 | 하마나카 아미아미 양쪽 코바늘 라쿠라쿠 8/0호, 10/0호

| 기타 | 폭 0.5cm짜리 가죽끈 90cm×2줄

| 게이지 | 무늬뜨기 14코 18.5단=10cm×10cm

| 완성 치수 | 그림 참조

| 뜨는 방법 | 실은 에코안다리아와 플랙스C를 각각 1가닥씩 겹쳐서 지정한 바늘을 사용해 뜹니다.

바닥은 8/0호 코바늘로 원형 시작코를 잡아 짧은뜨기 6코를 넣어 뜹니다. 2단부터는 도안과 같이 코를 늘려가며 14단까지 뜹니다. 10/0호 코바늘로 바꿔서 본체를 무늬뜨기로 콧수 증감 없이 34단을 뜨고 35단은 지정한 위치에 사슬 5코 피콧뜨기로 끈 통과 고리를 뜹니다. 입구와 끈 통과 고리에 빼뜨기 1단을 뜹니다. 가죽끈을 양쪽에서 끼워 넣은 뒤 끝을 묶어줍니다.

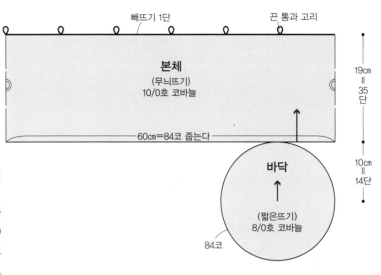

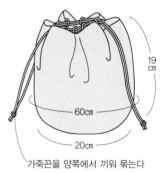

가죽끈을 양쪽에서 끼워 묶는다

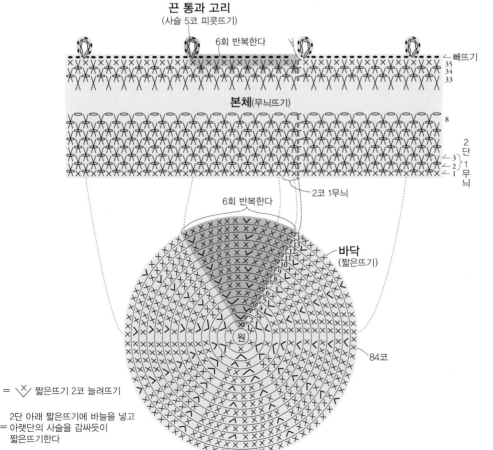

바닥의 콧수와 코 늘리기

단	콧수	코 늘리기
14	84코	
13	78코	
12	72코	
11	66코	
10	60코	
9	54코	
8	48코	각 단마다 6코씩 늘린다
7	42코	
6	36코	
5	30코	
4	24코	
3	18코	
2	12코	
1	원 속에 6코 넣어 뜨기	

08 모눈뜨기로 만든 가방 Photo_P.10

| **실** | 하마나카 에코안다리아(40g 1볼)
a 그린(17) 145g / b 베이지(23) 145g
| **바늘** | 하마나카 아미아미 양쪽 코바늘 라쿠라쿠 6/0호
| **기타** | 타원형 가죽 바닥판 베이지
(30cm×15cm/H204-618-1) 1장
| **게이지** | 무늬뜨기 1무늬(36코)=18cm,
1무늬(10단)=12.5cm
| **완성 치수** | 입구 너비 36cm, 높이 30.5cm

| **뜨는 방법** | 실 1가닥으로 뜹니다.
가죽 바닥판의 구멍에 짧은뜨기 144코를 넣어 뜹니다. 본체는 무늬
뜨기로 콧수 증감 없이 원통 모양으로 24단을 뜨고 입구에 테두리
뜨기 3단을 뜹니다. 손잡이는 사슬 70코로 시작코를 만들고 짧은뜨
기와 빼뜨기로 도안과 같이 3단을 뜹니다. 손잡이를 지정한 위치에
끼워서 꿰매 연결합니다.

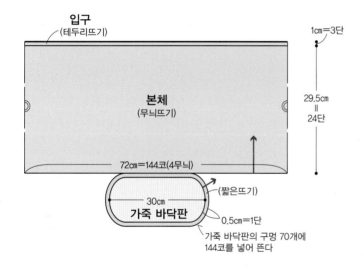

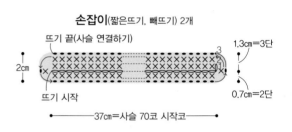

●**가죽 바닥판을 감싸서 뜨는 방법**

1 실끝을 10cm 정도 남기고 가죽 바닥판 구
멍에 바늘을 넣어서 사슬뜨기로 기둥코를
만든다.

2 같은 구멍에 짧은뜨기 2코를 넣어 뜬다.

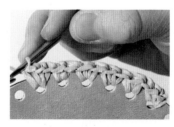

3 구멍 하나에 2코씩 넣어 뜬다. 직선이 곡
선과 만나는 부분 네 군데는 짧은뜨기 3코를
넣어 뜬다.

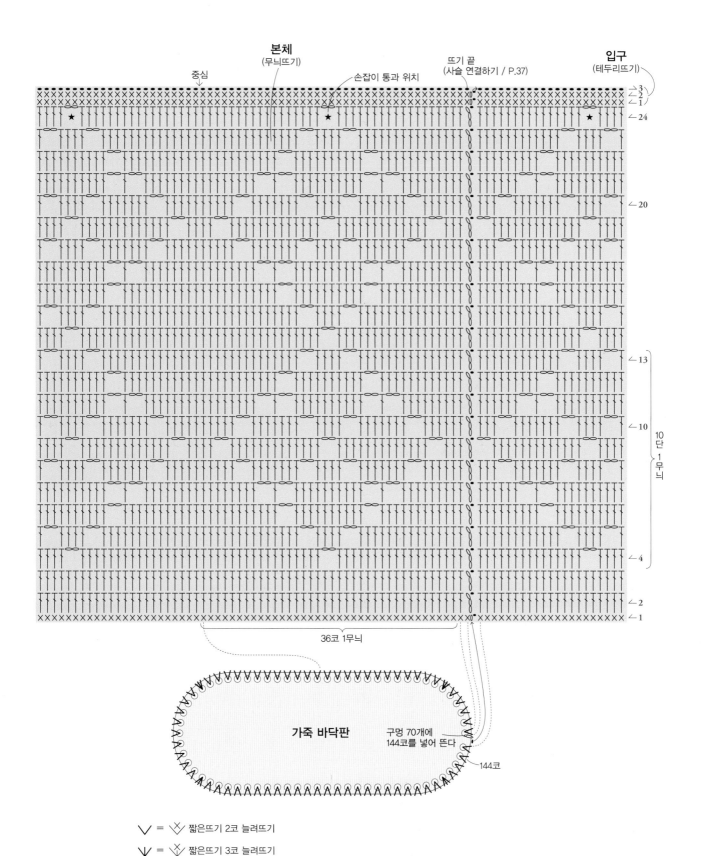

본체
(무늬뜨기)

중심

손잡이 통과 위치

뜨기 끝
(사슬 연결하기 / P.37)

입구
(테두리뜨기)

3
2
1

24

20

13

10

10단 1무늬

4

2

1

36코 1무늬

가죽 바닥판

구멍 70개에
144코를 넣어 뜬다

144코

∨ = 짧은뜨기 2코 늘려뜨기

⋎ = 짧은뜨기 3코 늘려뜨기

| 실 | 하마나카 에코안다리아(40g 1볼)
그린(17), 오프화이트(168) 각 35g,
레트로그린(68) 20g, 오렌지레드(164) 15g
| 바늘 | 하마나카 아미아미 양쪽 코바늘 라쿠라쿠 7/0호,
5/0호
| 게이지 | 짧은뜨기 20.5코=10cm, 9단=4cm
변형 짧은뜨기로 배색무늬뜨기
20.5코 16.5단=10cm×10cm
| 완성 치수 | 입구 너비 29cm, 높이 16cm, 바닥 8cm,
바닥 가로 20cm

| 뜨는 방법 | 실 1가닥을 사용해서 지정한 부분 외에는 7/0호 코바늘로 뜹니다.
바닥은 사슬 27코로 시작코를 만들고 짧은뜨기로 도안과 같이 코를 늘려가며 뜹니다. 본체는 변형 짧은뜨기로 배색무늬뜨기를 하는데 이때 1단과 25단은 짧은뜨기합니다. 25단까지 뜨고 나면 실을 쉬게 하고 지정한 위치에 실을 연결해 사슬 50코로 시작코를 만들고 실을 빼내서 고정합니다. 쉬게 한 실로 입구와 손잡이 바깥쪽을 짧은뜨기합니다. 손잡이 안쪽은 바늘을 바꾼 뒤 지정한 위치에 실을 연결해서 짧은뜨기합니다.

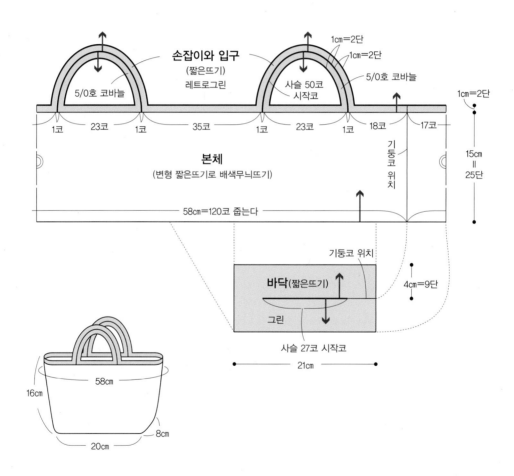

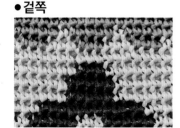

● 겉쪽

● 안쪽

※ 뜨개바탕이 일그러지지 않도록 왼쪽 위로 잡아당기는 느낌으로 뜬다

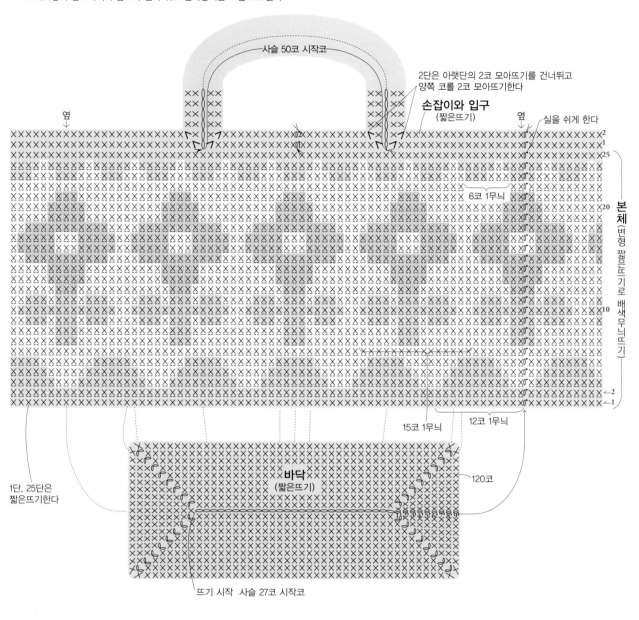

사슬 50코 시작코

2단은 아랫단의 2코 모아뜨기를 건너뛰고 양쪽 코를 2코 모아뜨기한다

손잡이와 입구
(짧은뜨기)

옆

옆

실을 쉽게 한다

본체(변형 짧은뜨기로 배색무늬뜨기)

6코 1무늬

1단, 25단은 짧은뜨기한다

15코 1무늬

12코 1무늬

바닥
(짧은뜨기)

120코

뜨기 시작 사슬 27코 시작코

배색

___ 그린

___ 오프화이트

▨▨ 오렌지레드

___ } 레트로그린

╳ 변형 짧은뜨기
아랫단 코의 앞쪽 반코에 바늘을 넣어서 짧은뜨기한다. 안쪽에 이랑뜨기와 같은 줄이 생긴다

∧ = ⋀ 짧은뜨기 2코 모아뜨기

⤵ = 실을 연결한다

⤴ = 실을 자른다

a 성인용

b 아동용

|실| 하마나카 에코안다리아(40g 1볼) 베이지(23)
a 155g, b 115g
|바늘| 하마나카 아미아미 양쪽 코바늘 라쿠라쿠 5/0호
|기타| 그로스그레인 리본 a 폭 4㎝짜리
오프화이트 150㎝, b 폭 3㎝짜리 초콜릿 135㎝
|게이지| 짧은뜨기 21코 23단=10㎝×10㎝
|완성 치수| a 머리둘레 57㎝, 높이 9㎝
b 머리둘레 53㎝, 높이 8㎝

|뜨는 방법| 실 1가닥으로 뜹니다.
원형 시작코를 잡아 짧은뜨기 8코를 넣어 뜹니다. 2단부터는 기둥코 없이 도안처럼 코를 늘려가며 지정한 단수를 원형으로 뜨고 움푹 파인 테두리 부분을 뜹니다. 옆부분을 콧수 증감 없이 뜨고 빼뜨기 1단을 뜹니다. 빼뜨기 코에 바늘을 넣어서 챙을 도안과 같이 뜬 뒤 리본을 감아줍니다.

[ ] 안은 b 아동용. 지정한 부분 외에는 공통

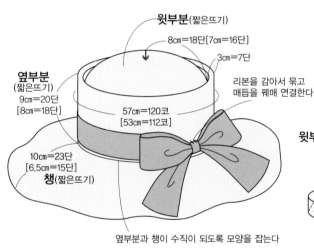

윗부분(짧은뜨기)
8cm=18단[7cm=16단]
3cm=7단
옆부분
(짧은뜨기)
9cm=20단
[8cm=18단]
57cm=120코
[53cm=112코]
리본을 감아서 묶고 매듭을 꿰매 연결한다
10cm=23단
[6.5cm=15단]
챙(짧은뜨기)
옆부분과 챙이 수직이 되도록 모양을 잡는다

윗부분의 움푹 파인 테두리를 뜨는 방법

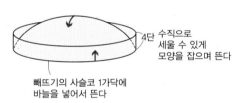

4단 수직으로 세울 수 있게 모양을 잡으며 뜬다
빼뜨기의 사슬코 1가닥에 바늘을 넣어서 뜬다

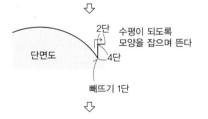

단면도
2단 수평이 되도록 모양을 잡으며 뜬다
4단
빼뜨기 1단

모서리는 다림질해서 모양을 잡는다
옆부분을 수직으로 뜬다

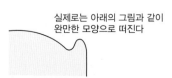

실제로는 아래의 그림과 같이 완만한 모양으로 떠진다

●윗부분의 움푹 파인 테두리

a의 콧수와 코 늘리기

부분	단	콧수	코 늘리기
챙	23	256코	증감 없음
	22	256코	8코 늘린다
	21	248코	증감 없음
	20	248코	각 단마다 8코씩 늘린다
	19	240코	
	18	232코	
	17	224코	증감 없음
	16	224코	각 단마다 8코씩 늘린다
	15	216코	
	14	208코	
	13	200코	증감 없음
	12	200코	각 단마다 8코씩 늘린다
	11	192코	
	10	184코	
	9	176코	증감 없음
	8	176코	각 단마다 8코씩 늘린다
	7	168코	
	6	160코	
	5	152코	증감 없음
	4	152코	각 단마다 8코씩 늘린다
	3	144코	
	2	136코	
	1	128코	
	빼뜨기 1단		
옆부분	1~20	120코	증감 없음
	7	120코	각 단마다 8코 늘린다
	6	112코	
	1~5	104코	증감 없음
윗부분	18	104코	
	17	104코	8코 늘린다
	16	96코	증감 없음
	15	96코	각 단마다 8코씩 늘린다
	14	88코	
	13	80코	증감 없음
	12	80코	각 단마다 8코씩 늘린다
	11	72코	
	10	64코	증감 없음
	9	64코	각 단마다 8코씩 늘린다
	8	56코	
	7	48코	
	6	40코	증감 없음
	5	40코	각 단마다 8코씩 늘린다
	4	32코	
	3	24코	
	2	16코	
	1	원 속에 8코 넣어 뜨기	

[a 성인용]

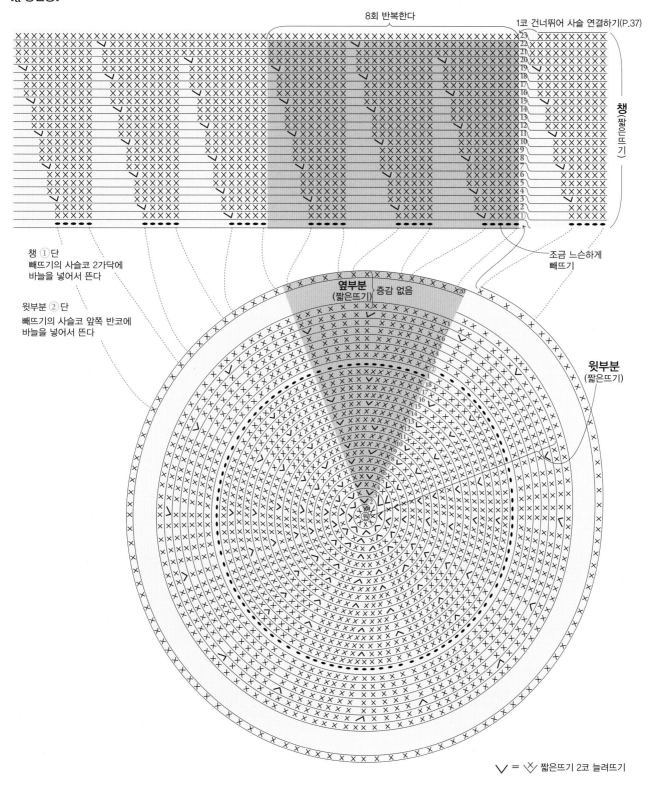

8회 반복한다

1코 건너뛰어 사슬 연결하기(P.37)

챙(짧은뜨기)

챙 ① 단
빼뜨기의 사슬코 2가닥에
바늘을 넣어서 뜬다

윗부분 ② 단
빼뜨기의 사슬코 앞쪽 반코에
바늘을 넣어서 뜬다

조금 느슨하게
빼뜨기

옆부분
(짧은뜨기) 증감 없음

윗부분
(짧은뜨기)

∨ = 〤 짧은뜨기 2코 늘려뜨기

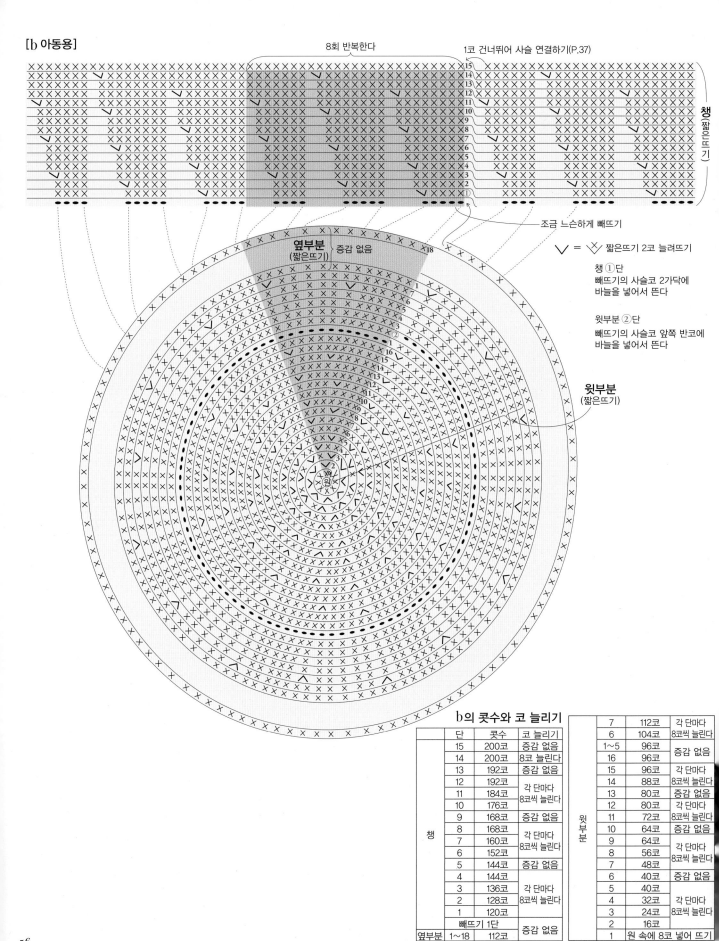

[b 아동용]

8회 반복한다

1코 건너뛰어 사슬 연결하기(P.37)

챙(짧은뜨기)

조금 느슨하게 빼뜨기

∨ = 짧은뜨기 2코 늘려뜨기

챙 ①단
빼뜨기의 사슬코 2가닥에
바늘을 넣어서 뜬다

윗부분 ②단
빼뜨기의 사슬코 앞쪽 반코에
바늘을 넣어서 뜬다

옆부분(짧은뜨기) 증감 없음

윗부분(짧은뜨기)

b의 콧수와 코 늘리기

	단	콧수	코 늘리기
챙	15	200코	증감 없음
	14	200코	8코 늘린다
	13	192코	증감 없음
	12	192코	각 단마다 8코씩 늘린다
	11	184코	
	10	176코	
	9	168코	증감 없음
	8	168코	각 단마다 8코씩 늘린다
	7	160코	
	6	152코	
	5	144코	증감 없음
	4	144코	
	3	136코	각 단마다 8코씩 늘린다
	2	128코	
	1	120코	
	빼뜨기 1단		증감 없음
옆부분	1~18	112코	

	단	콧수	코 늘리기
윗부분	7	112코	각 단마다 8코씩 늘린다
	6	104코	
	1~5	96코	증감 없음
	16	96코	
	15	96코	각 단마다 8코씩 늘린다
	14	88코	
	13	80코	증감 없음
	12	80코	각 단마다 8코씩 늘린다
	11	72코	
	10	64코	증감 없음
	9	64코	각 단마다 8코씩 늘린다
	8	56코	
	7	48코	
	6	40코	증감 없음
	5	40코	
	4	32코	각 단마다 8코씩 늘린다
	3	24코	
	2	16코	
	1		원 속에 8코 넣어 뜨기

I2 원숄더 백 Photo_P.I5

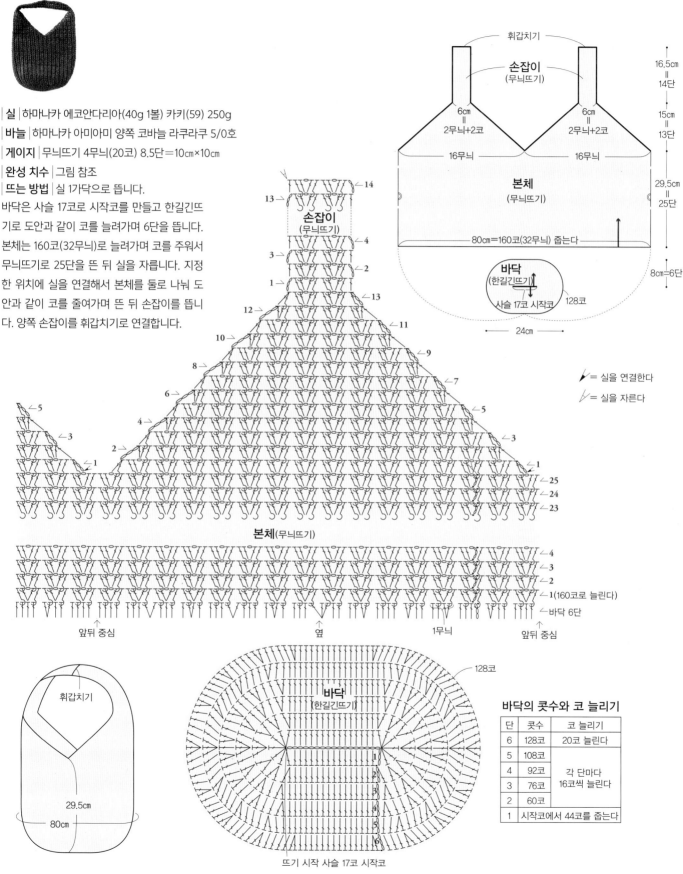

실 하마나카 에코안다리아(40g 1볼) 카키(59) 250g

바늘 하마나카 아미아미 양쪽 코바늘 라쿠라쿠 5/0호

게이지 무늬뜨기 4무늬(20코) 8.5단=10cm×10cm

완성 치수 그림 참조

뜨는 방법 실 1가닥으로 뜹니다.

바닥은 사슬 17코로 시작코를 만들고 한길긴뜨기로 도안과 같이 코를 늘려가며 6단을 뜹니다. 본체는 160코(32무늬)로 늘려가며 코를 주워서 무늬뜨기로 25단을 뜬 뒤 실을 자릅니다. 지정한 위치에 실을 연결해서 본체를 둘로 나눠 도안과 같이 코를 줄여가며 뜬 뒤 손잡이를 뜹니다. 양쪽 손잡이를 휘갑치기로 연결합니다.

휘갑치기

손잡이
(무늬뜨기)

6cm
=
2무늬+2코

6cm
=
2무늬+2코

16무늬

16무늬

본체
(무늬뜨기)

80cm=160코(32무늬) 줍는다

바닥
(한길긴뜨기)
사슬 17코 시작코

128코

24cm

16.5cm
=
14단

15cm
=
13단

29.5cm
=
25단

8cm=6단

= 실을 연결한다

= 실을 자른다

손잡이
(무늬뜨기)

본체(무늬뜨기)

1(160코로 늘린다)

바닥 6단

앞뒤 중심

옆

1무늬

앞뒤 중심

휘갑치기

29.5cm

80cm

바닥
(한길긴뜨기)

128코

뜨기 시작 사슬 17코 시작코

바닥의 콧수와 코 늘리기

단	콧수	코 늘리기
6	128코	20코 늘린다
5	108코	
4	92코	각 단마다
3	76코	16코씩 늘린다
2	60코	
1	시작코에서 44코를 줍는다	

I3 보태니컬무늬 가방 Photo_P.16

| 실 | a 하마나카 에코안다리아(40g 1볼)
레트로블루(66) 255g
하마나카 코튼글라스(25g 1볼) 흰색(201) 110g
b 하마나카 에코안다리아(40g 1볼) 베이지(23) 215g
| 바늘 | 하마나카 아미아미 양쪽 코바늘 라쿠라쿠
a 8/0호, b 6/0호
| 게이지 | ①무늬뜨기 a 8단=9.5cm, b 8단=8.5cm
②무늬뜨기 a 1무늬(12코)=7.5cm, 17단=10cm
b 1무늬(12코)=5.5cm, 21단=10cm
| 완성 치수 | 그림 참조

| 뜨는 방법 | a는 에코안다리아와 코튼글라스를 각 1가닥씩 겹쳐서 뜨고 b는 실 1가닥으로 뜹니다.
바닥은 원형 시작코를 잡아 짧은뜨기 8코를 넣어 뜹니다. 2단부터는 ①무늬뜨기로 도안과 같이 코를 늘려가며 8단까지 뜹니다. 본체는 도안과 같이 코를 늘려가며 ②무늬뜨기로 각 단의 뜨는 방향을 바꿔가며 8단을 뜹니다. 도안의 지정한 위치에 실을 다시 연결해서 ②무늬뜨기로 콧수 증감 없이 41단을 뜹니다. 입구에는 짧은뜨기 4단을 뜨고 안쪽에서 빼뜨기 1단을 뜹니다. 손잡이는 사슬 90코로 시작코를 만들고 ③무늬뜨기로 뜹니다. 같은 방법으로 손잡이 1개를 더 떠서 지정한 위치에 꿰매 연결합니다.

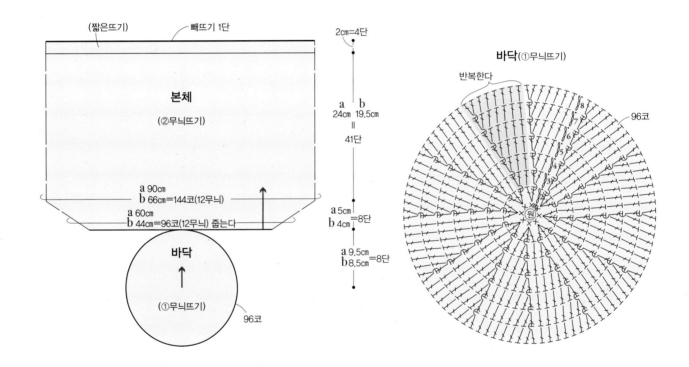

(짧은뜨기)　빼뜨기 1단

본체
(②무늬뜨기)

2cm=4단

a　b
24cm　19.5cm
＝
41단

a 90cm
b 66cm=144코(12무늬)

a 60cm
b 44cm=96코(12무늬) 줄인다

a 5cm
b 4cm ＝8단

a 9.5cm
b 8.5cm ＝8단

바닥

↑

(①무늬뜨기)

96코

바닥(①무늬뜨기)

반복한다

96코

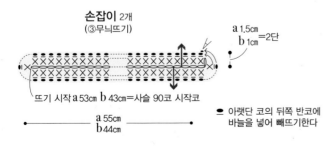

손잡이 2개
(③무늬뜨기)

a 1.5cm
b 1cm ＝2단

뜨기 시작 a 53cm b 43cm=사슬 90코 시작코

a 55cm
b 44cm

■: 아랫단 코의 뒤쪽 반코에 바늘을 넣어 빼뜨기한다

바닥의 콧수와 코 늘리기

단	콧수	코 늘리기
8	96코	
7	84코	
6	72코	각 단마다 12코씩 늘린다
5	60코	
4	48코	
3	36코	
2	24코	16코 늘린다
1	원 속에 8코 넣어 뜨기	

본체
(②무늬뜨기)

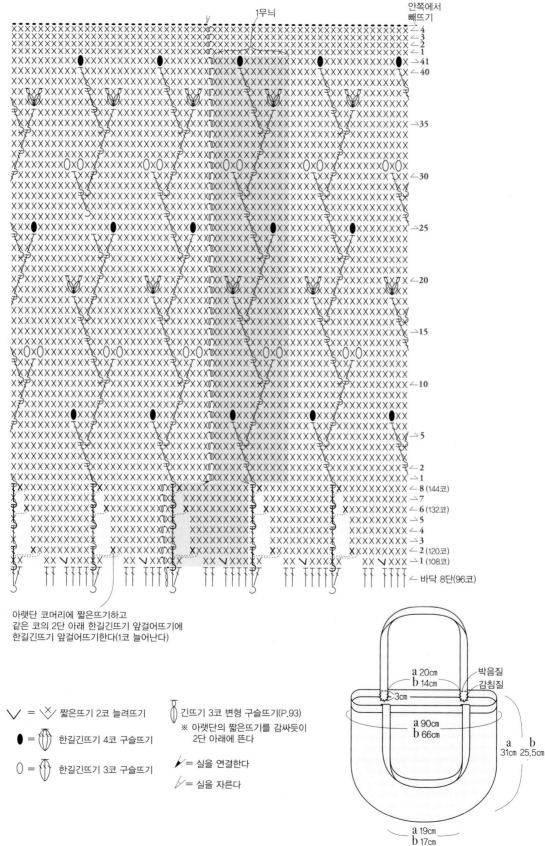

안쪽에서
빼뜨기

1무늬

아랫단 코머리에 짧은뜨기하고
같은 코의 2단 아래 한길긴뜨기 앞걸어뜨기에
한길긴뜨기 앞걸어뜨기한다(1코 늘어난다)

∨ = 짧은뜨기 2코 늘려뜨기

● = 한길긴뜨기 4코 구슬뜨기

○ = 한길긴뜨기 3코 구슬뜨기

긴뜨기 3코 변형 구슬뜨기(P.93)
※ 아랫단의 짧은뜨기를 감싸듯이
2단 아래에 뜬다

= 실을 연결한다

= 실을 자른다

바닥 8단(96코)

a 20cm
b 14cm
박음질
감침질
3cm
a 90cm
b 66cm
a   b
31cm 25.5cm
a 19cm
b 17cm

59

실	하마나카 에코안다리아(40g 1볼)
	샌드베이지(169) 110g
바늘	하마나카 아미아미 양쪽 코바늘 라쿠라쿠 6/0호
기타	폭 3㎝짜리 그로스그레인 리본 검정 100㎝
게이지	짧은뜨기 19코 20단＝10㎝×10㎝
완성 치수	머리둘레 58㎝, 높이 9.5㎝

뜨는 방법 | 실 1가닥으로 뜹니다.

윗부분은 사슬 5코를 시작코로 만들고 양쪽에서 14코를 주워 도안과 같이 코를 늘려가며 짧은뜨기로 16단을 뜹니다. 옆부분은 무늬뜨기로 21단을 뜹니다. 챙은 도안과 같이 코를 늘려가며 13단, 테두리뜨기 1단을 뜹니다. 뜨기 끝 부분은 사슬끼리 연결합니다. 그로스그레인 리본을 그림과 같이 만들어서 옆부분에 감아 감침질로 연결합니다.

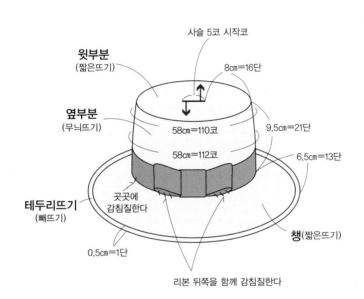

- 사슬 5코 시작코
- 윗부분 (짧은뜨기)
- 8cm=16단
- 옆부분 (무늬뜨기)
- 9.5cm=21단
- 58cm=110코
- 58cm=112코
- 6.5cm=13단
- 테두리뜨기 (빼뜨기)
- 곳곳에 감침질한다
- 챙(짧은뜨기)
- 0.5cm=1단
- 리본 뒤쪽을 함께 감침질한다

리본 만드는 방법

- a 1cm
- b
- 13cm
- c
- d
- 13cm
- 1cm
- 옆부분에 감고 1cm를 겹쳐서 표시한다
- b a
- d
- c
- 표시를 맞춰서 겹친 뒤 꿰맨다
- 10cm짜리 리본
- (안쪽)
- 감침질한다
- 10cm로 자른 리본을 감아서 움직이지 않게 감침질한다

콧수와 코 늘리기

	단	콧수	코 늘리기
테두리뜨기	1	182코	증감 없음
챙	12, 13		
	11	182코	14코 늘린다
	9, 10	168코	증감 없음
	8	168코	14코 늘린다
	6, 7	154코	증감 없음
	5	154코	14코 늘린다
	3, 4	140코	증감 없음
	2	140코	각 단마다
	1	126코	14코씩 늘린다
옆부분	15~21	112코	증감 없음
	5~14	도안 참조	7무늬
	4	112코	2코 늘린다
	1~3	110코	증감 없음
윗부분	16	110코	각 단마다 8코씩 늘린다
	15	102코	
	14	94코	
	13	86코	증감 없음
	12	86코	각 단마다 8코씩 늘린다
	11	78코	
	10	70코	
	9	62코	증감 없음
	8	62코	각 단마다 8코씩 늘린다
	7	54코	
	6	46코	
	5	38코	증감 없음
	4	38코	각 단마다 8코씩 늘린다
	3	30코	
	2	22코	
	1		시작코 양쪽에서 14코를 줍는다

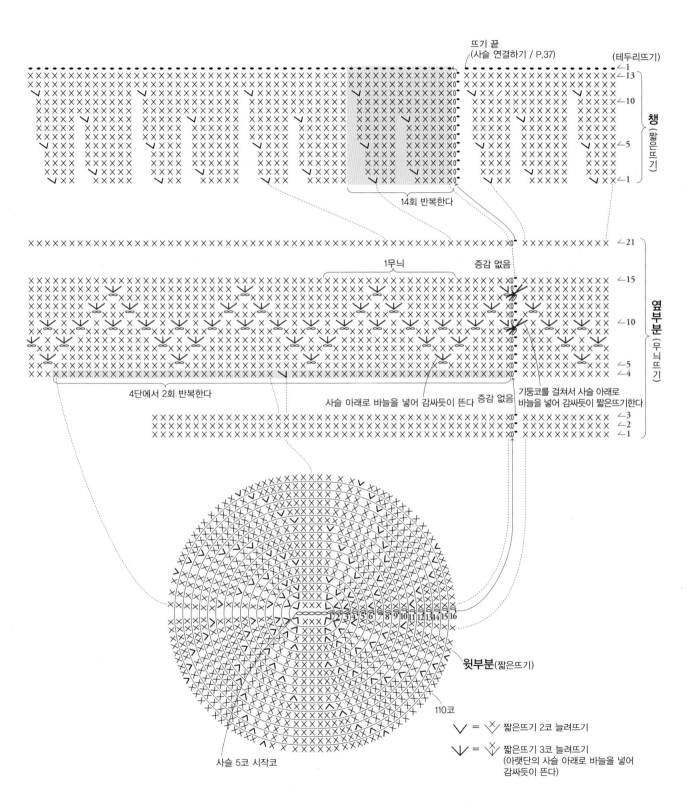

뜨기 끝
(사슬 연결하기 / P.37)   (테두리뜨기)

14회 반복한다

챙 (짧은뜨기)

1무늬

증감 없음

옆부분 (무늬뜨기)

4단에서 2회 반복한다

사슬 아래로 바늘을 넣어 감싸듯이 뜬다   증감 없음

기둥코를 걸쳐서 사슬 아래로
바늘을 넣어 감싸듯이 짧은뜨기한다

윗부분(짧은뜨기)

110코

사슬 5코 시작코

$\vee$ = 짧은뜨기 2코 늘려뜨기

$\vee\!\!\!\vee$ = 짧은뜨기 3코 늘려뜨기
(아랫단의 사슬 아래로 바늘을 넣어
감싸듯이 뜬다)

| 실 | 하마나카 에코안다리아(40g 1볼) 겨자색(139) 200g
| 바늘 | 하마나카 아미아미 양쪽 코바늘 라쿠라쿠 6/0호
| 게이지 | 짧은뜨기 16코 18단=10cm×10cm(손잡이 제외)
| 완성 치수 | 그림 참조
| 뜨는 방법 | 실 1가닥으로 뜹니다.

바닥은 사슬 28코로 시작코를 만들고 짧은뜨기로 도안과 같이 코를 늘려가며 뜹니다. 본체는 짧은뜨기하는데 1단은 짧은뜨기 뒤걸어뜨기로 뜹니다. 도안과 같이 양옆에서 코를 늘려가며 34단을 뜬뒤 뜨는 방향을 반대로 해서 프릴을 뜹니다. 프릴을 겉쪽으로 눕혀서 입구를 ②무늬뜨기로 뜹니다. 손잡이는 사슬 9코로 시작코를만들고 짧은뜨기로 콧수 증감 없이 67단을 뜬 뒤 양쪽의 10단씩 남겨서 휘갑칩니다. 같은 방법으로 손잡이 1개를 더 떠서 지정한 위치에 꿰매 연결합니다.

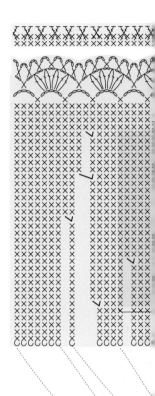

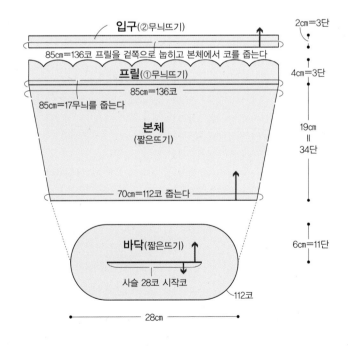

입구(②무늬뜨기)

2cm=3단

85cm=136코 프릴을 겉쪽으로 눕히고 본체에서 코를 줍는다

프릴(①무늬뜨기)

4cm=3단

85cm=136코

85cm=17무늬를 줍는다

본체
(짧은뜨기)

19cm
=
34단

70cm=112코 줍는다

6cm=11단

바닥(짧은뜨기)

사슬 28코 시작코

112코

28cm

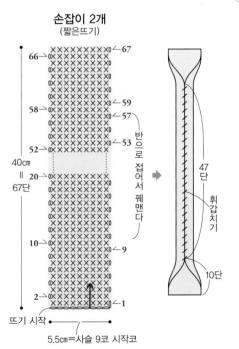

손잡이 2개
(짧은뜨기)

40cm
=
67단

66

58

52

20

10

2

67

59
57

53

9

1

반으로 접어서 꿰맨다

뜨기 시작

5.5cm=사슬 9코 시작코

47
단

휘갑치기

10단

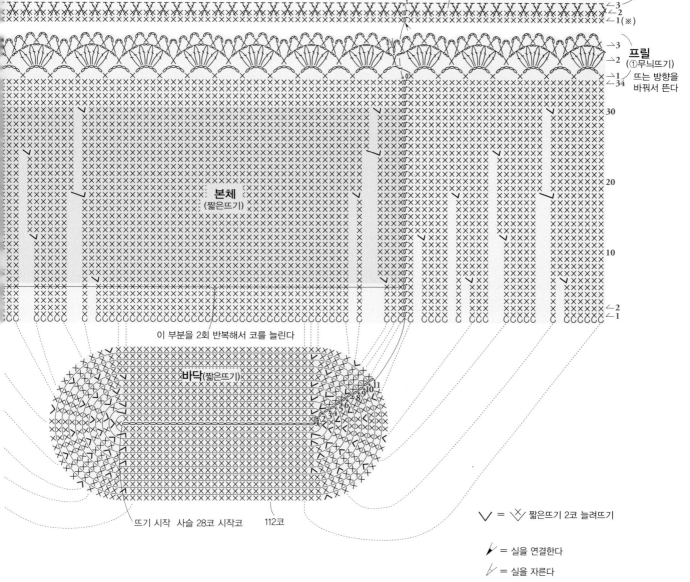

입구(②무늬뜨기)
※ 프릴을 겉쪽으로 눕혀서 본체 34단에 연결한다

1단에 바늘을 넣어서 2단을 감싸듯이 뜬다

→ 3
← 2
← 1(※)

프릴
(①무늬뜨기)
뜨는 방향을 바꿔서 뜬다

→ 3
← 1
← 34

30

20

10

본체
(짧은뜨기)

← 2
← 1

이 부분을 2회 반복해서 코를 늘린다

바닥(짧은뜨기)

뜨기 시작 사슬 28코 시작코   112코

$\lor$ = $\underset{\times}{\lor}$ 짧은뜨기 2코 늘려뜨기

$\nearrow$ = 실을 연결한다

$\nearrow$ = 실을 자른다

바닥과 본체의 콧수와 코 늘리기

	단	콧수	코 늘리기
본체	31~34	136코	증감 없음
	30	136코	4코 늘린다
	25~29	132코	증감 없음
	24	132코	4코 늘린다
	19~23	128코	증감 없음
	18	128코	6코 늘린다
	13~17	122코	증감 없음
	12	122코	4코 늘린다
	7~11	118코	증감 없음
	6	118코	6코 늘린다
	1~5	112코	증감 없음

	단	콧수	코 늘리기
바닥	11	112코	각 단마다 6코씩 늘린다
	10	106코	
	9	100코	증감 없음
	8	100코	
	7	94코	각 단마다 6코씩 늘린다
	6	88코	
	5	82코	
	4	76코	
	3	70코	
	2	64코	
	1	시작코 양쪽에서 58코를 줍는다	

박음질
감침질
15cm
21cm
28cm
12cm

16 짧은뜨기로 만든 토트백 Photo_P.20

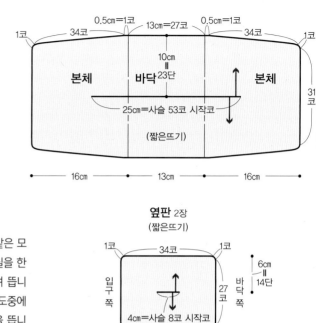

실	하마나카 에코안다리아(40g 1볼) 베이지(23) 180g
바늘	하마나카 아미아미 양쪽 코바늘 라쿠라쿠 5/0호
게이지	짧은뜨기 21코 23단=10cm×10cm
완성 치수	그림 참조
뜨는 방법	실 1가닥으로 뜹니다.

옆판은 사슬 8코로 시작코를 만들어서 짧은뜨기로 도안과 같이 코를 늘려가며 뜨고 같은 모양을 한 장 더 뜹니다. 본체와 바닥은 이어서 뜨는데 사슬 53코로 시작코를 만들고 실을 한번 자릅니다. 시작코의 중심에 실을 연결해서 짧은뜨기로 도안과 같이 코를 늘려가며 뜹니다. 그런 다음 본체와 바닥, 옆판을 겉쪽이 보이게 겹쳐 놓고 빼뜨기로 잇는데, 잇는 도중에 손잡이의 시작코를 만듭니다. 다시 테두리와 손잡이의 코를 주워서 짧은뜨기로 6단을 뜹니다. 테두리와 손잡이를 반으로 접고 본체와 바닥, 옆판을 한데 모아 이은 빼뜨기 위치에 겹쳐서 빼뜨기로 잇습니다.

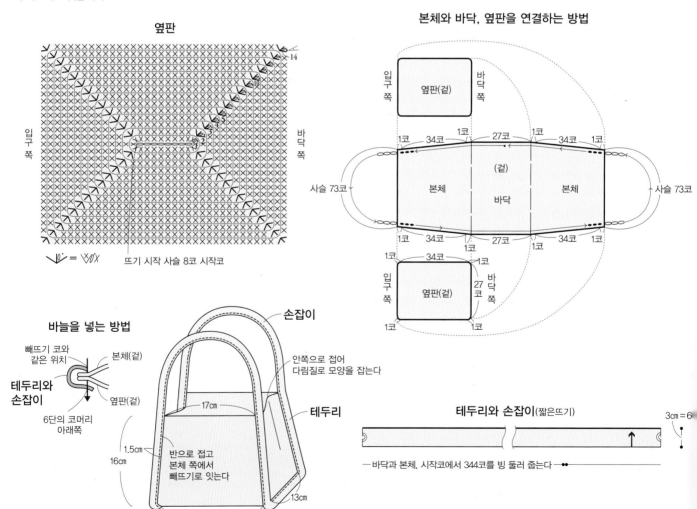

64

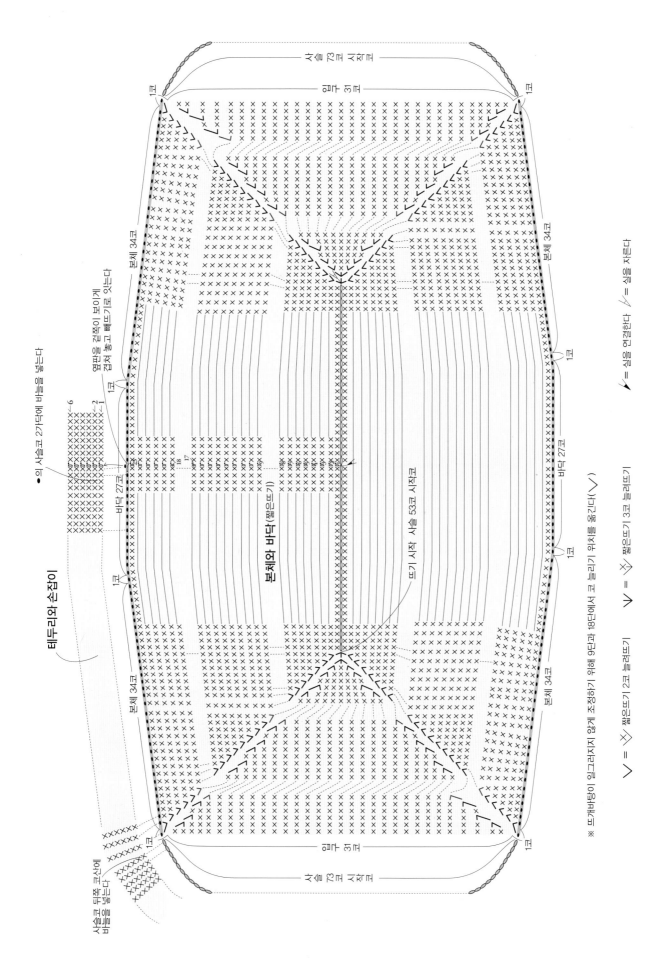

테두리와 손잡이

이 사슬코 27단에 바늘을 넣는다

옆판을 겉쪽이 보이게
겹쳐 놓고 빼뜨기로 잇는다

본체와 바닥(짧은뜨기)

사슬 73코 시작코

윗부 31코

본체 34코

1코

바닥 27코

본체 34코

1코

1코

윗부 31코

사슬 73코 시작코

뜨기 시작 사슬 53코 시작코

사슬코 뒤쪽 코산에
바늘을 넣는다

※ 뜨개바탕이 울그러지지 않게 조정하기 위해 9단과 18단에서 코 늘리기 위치를 올린다(∨)

∨ = ⋎ 짧은뜨기 2코 늘려뜨기

∨ = ⋏ 짧은뜨기 3코 늘려뜨기

⋏ = 실을 연결한다   ⋋ = 실을 자른다

65

|실|하마나카 에코안다리아(40g 1볼) 레드(7) 150g
|바늘|하마나카 아미아미 양쪽 코바늘 라쿠라쿠 6/0호
|게이지|그물무늬 3개=7.5㎝,
7단(사슬 5코 그물뜨기)=10㎝
|완성 치수|그림 참조

|뜨는 방법|실 1가닥으로 뜹니다.
본체는 사슬 79코로 시작코를 만들고 그물뜨기로 콧수 증감 없이
57단을 뜨는데 이때 1, 2단과 55~57단은 그물의 사슬코 수가 다르
므로 주의합니다. 뜨개바탕의 양옆에 짧은뜨기를 하고 반으로 접어
서 휘갑쳐 입구를 만듭니다. 테두리뜨기와 손잡이를 이어서 빙 둘러
뜨고 반으로 접어서 휘갑칩니다.

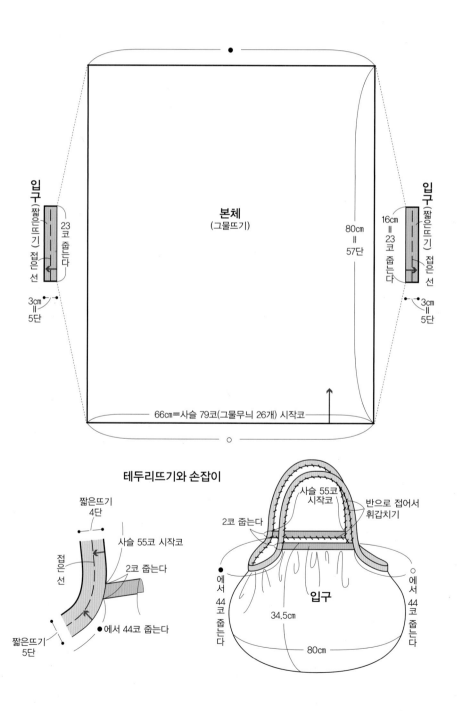

입구
(짧은뜨기)
접은 선
23코 줄인다
본체
(그물뜨기)
80cm
=
57단
16cm
=
23코
줄인다
입구
(짧은뜨기)
접은 선
3cm
=
5단
3cm
=
5단
66cm=사슬 79코(그물무늬 26개) 시작코

테두리뜨기와 손잡이

짧은뜨기
4단
사슬 55코 시작코
접은 선
2코 줄인다
짧은뜨기
5단
●에서 44코 줄인다

사슬 55코
시작코
반으로 접어서
휘갑치기
2코 줄인다
입구
●에서 44코 줄인다
○에서 44코 줄인다
34.5cm
80cm

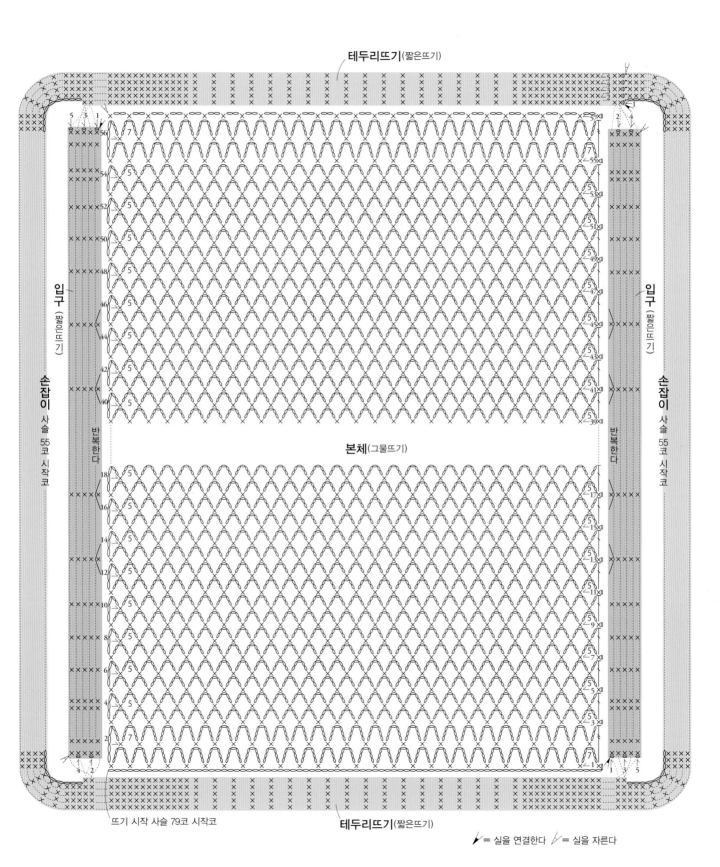

테두리뜨기(짧은뜨기)

입구 (짧은뜨기)

손잡이 사슬 55코 시작코

반복한다

본체(그물뜨기)

뜨기 시작 사슬 79코 시작코

테두리뜨기(짧은뜨기)

✔ = 실을 연결한다   ✔ = 실을 자른다

18 프릴 모자 Photo_P.22

실	하마나카 에코안다리아 크로셰(30g 1볼) 샌드베이지(802) 60g
바늘	하마나카 아미아미 양쪽 코바늘 라쿠라쿠 4/0호
게이지	짧은뜨기 이랑뜨기 21.5코 21단=10cm×10cm
완성 치수	머리둘레 56cm, 높이 18.5cm

뜨는 방법 실 1가닥으로 뜹니다.
크라운은 원형 시작코를 잡아 짧은뜨기 8코를 넣어 뜹니다. 2단부터는 도안과 같이 코를 늘려가며 짧은뜨기 이랑뜨기로 39단까지 뜹니다. 그런 다음 챙을 도안과 같이 코를 늘려가며 짧은뜨기 이랑뜨기로 11단을 뜹니다. 테두리뜨기는 뜨는 방향을 바꾸고 챙 11단과 10단에 남은 반코에 각각 바늘을 넣어 떠서 연결합니다.

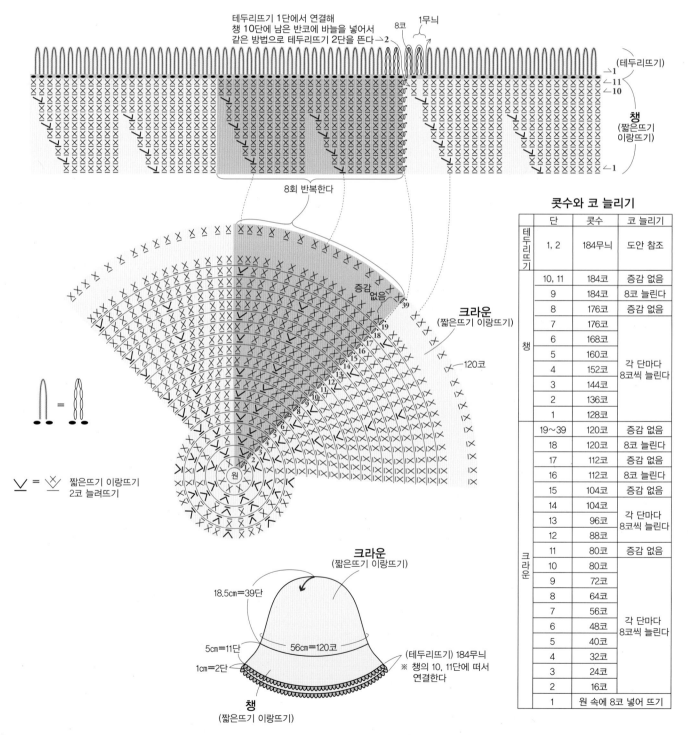

콧수와 코 늘리기

	단	콧수	코 늘리기
테두리뜨기	1, 2	184무늬	도안 참조
챙	10, 11	184코	증감 없음
	9	184코	8코 늘린다
	8	176코	증감 없음
	7	176코	각 단마다 8코씩 늘린다
	6	168코	
	5	160코	
	4	152코	
	3	144코	
	2	136코	
	1	128코	
크라운	19~39	120코	증감 없음
	18	120코	8코 늘린다
	17	112코	증감 없음
	16	112코	8코 늘린다
	15	104코	증감 없음
	14	104코	각 단마다 8코씩 늘린다
	13	96코	
	12	88코	
	11	80코	증감 없음
	10	80코	
	9	72코	각 단마다 8코씩 늘린다
	8	64코	
	7	56코	
	6	48코	
	5	40코	
	4	32코	
	3	24코	
	2	16코	
	1	원 속에 8코 넣어 뜨기	

∨ = 짧은뜨기 이랑뜨기 2코 늘려뜨기

테두리뜨기 1단에서 연결해 챙 10단에 남은 반코에 바늘을 넣어서 같은 방법으로 테두리뜨기 2단을 뜬다
8코
1무늬
(테두리뜨기)
11
10
챙
(짧은뜨기 이랑뜨기)
1
8회 반복한다

증감 없음
39
19
18
17
16
15
14
13
12
11
10
9
8
7
6
5
4
3
2
1
원
크라운
(짧은뜨기 이랑뜨기)
120코

크라운
(짧은뜨기 이랑뜨기)
18.5cm=39단
5cm=11단
56cm=120코
1cm=2단
(테두리뜨기) 184무늬
※ 챙의 10, 11단에 떠서 연결한다
챙
(짧은뜨기 이랑뜨기)

26 원마일 백 Photo_P.30

| 실 | 하마나카 에코안다리아(40g 1볼) 내추럴(42) 110g, 검정(30) 20g
| 바늘 | 하마나카 아미아미 양쪽 코바늘 라쿠라쿠 5/0호
| 게이지 | 짧은뜨기 19.5코 19단=10㎝×10㎝
| 완성 치수 | 너비 21㎝, 높이 13.5㎝, 바닥 9㎝
| 뜨는 방법 | 실 1가닥으로 뜹니다.

본체는 사슬 41코로 시작코를 만들고 짧은뜨기로 26단을 뜹니다. 같은 방법으로 본체 1장을 더 뜹니다. 주머니는 사슬 41코로 시작코를 만들고 짧은뜨기로 20단을 뜨는데, 이때 20단은 검정 실로 뜹니다. 옆판은 사슬 18코로 시작코를 만들고 짧은뜨기로 92단을 뜹니다. 손잡이는 사슬 50코로 시작코를 만들고 짧은뜨기로 3단을 뜹니다. 같은 방법으로 손잡이 1개를 더 뜹니다. 주머니를 본체 1장에 겹쳐서 중심을 검정 실로 빼뜨기해 고정합니다. 본체와 옆판을 겉쪽이 보이게 겹쳐 놓고 본체 쪽에서 짧은뜨기로 잇습니다. 손잡이를 연결해 고정합니다.

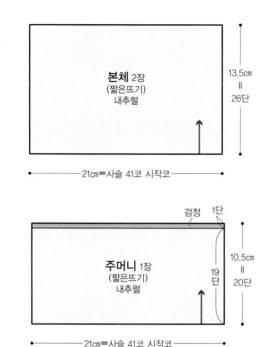

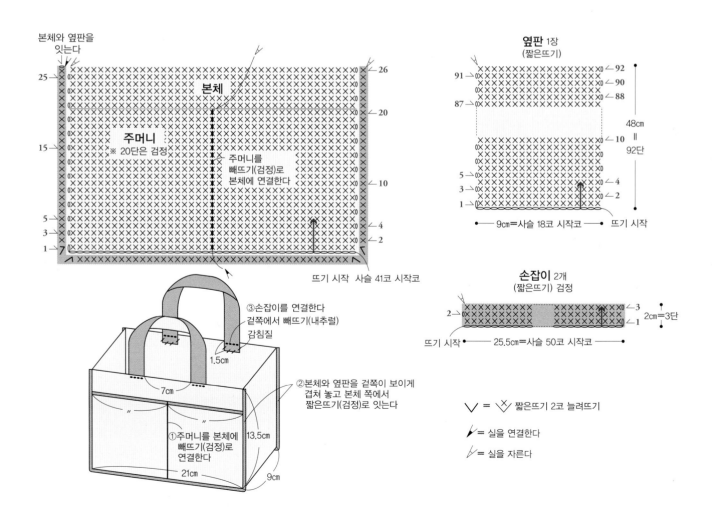

I9 꽃 모티프 가방 Photo_P.23

|실| 하마나카 에코안다리아(40g 1볼) 카키(59) 65g, 오프화이트(168) 60g, 라임옐로(19) 45g, 올리브그린(61), 다크오렌지(69) 각 40g

|바늘| 하마나카 아미아미 양쪽 코바늘 라쿠라쿠 5/0호

|게이지| 모티프 크기
기본 모티프 5.5cm×5cm
변형 모티프 4.5cm×4.5cm

|완성 치수| 그림 참조

|뜨는 방법| 실 1가닥으로 뜹니다.
모티프는 원형 시작코를 잡아 지정한 배색으로 도안과 같이 뜹니다. 두 번째 모티프부터는 3단에 연결해가며 뜨는데 ㉒부터는 변형 모티프가 들어가므로 주의합니다. 지정한 배치대로 연결하고 나면 ⑧⓪의 모티프에 실을 연결해서 입구를 무늬뜨기합니다. 손잡이는 사슬 80코로 시작코를 만들고 짧은뜨기로 콧수 증감 없이 5단을 뜹니다. 겉쪽이 보이게 반으로 접고 양쪽에서 15코씩 남긴 뒤쪽 중심 부분을 빼뜨기로 꿰매 잇습니다. 같은 방법으로 손잡이 1개를 더 만들어서 입구 안쪽에 꿰매 연결합니다.

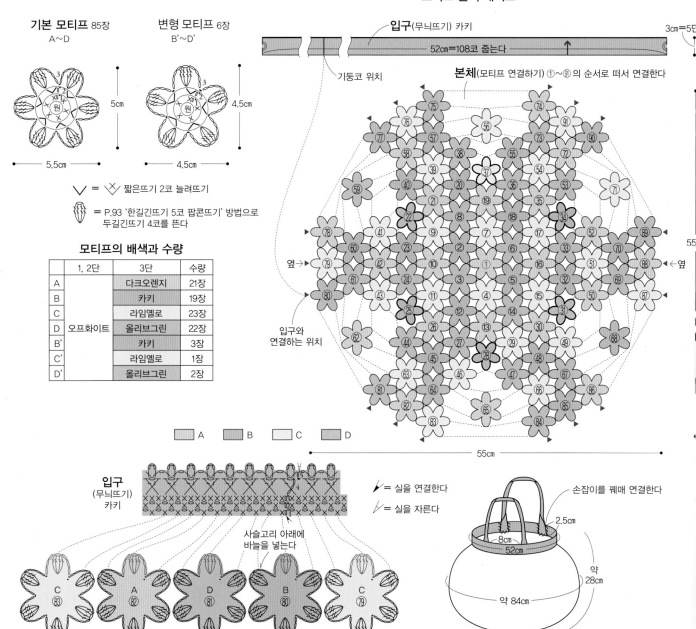

기본 모티프 85장
A~D

변형 모티프 6장
B'~D'

5.5cm · 5cm
4.5cm · 4.5cm

∨ = 짧은뜨기 2코 늘려뜨기

= P.93 '한길긴뜨기 5코 팝콘뜨기' 방법으로 두길긴뜨기 4코를 뜬다

모티프의 배색과 수량

	1, 2단	3단	수량
A	오프화이트	다크오렌지	21장
B		카키	19장
C		라임옐로	23장
D		올리브그린	22장
B'		카키	3장
C'		라임옐로	1장
D'		올리브그린	2장

A B C D

모티프 순서 배치도

입구(무늬뜨기) 카키
52cm=108코 줍는다
3cm=5단

기둥코 위치

본체(모티프 연결하기) ①~⑨의 순서로 떠서 연결한다

옆→ ←옆

입구와 연결하는 위치

55cm
55

입구
(무늬뜨기)
카키

✔ = 실을 연결한다
= 실을 자른다

사슬고리 아래에 바늘을 넣는다

C ⑧③ A ⑧② D ⑧① B ⑧⓪ C ⑦⑨

손잡이를 꿰매 연결한다
2.5cm
8cm
52cm
약 28cm
약 84cm

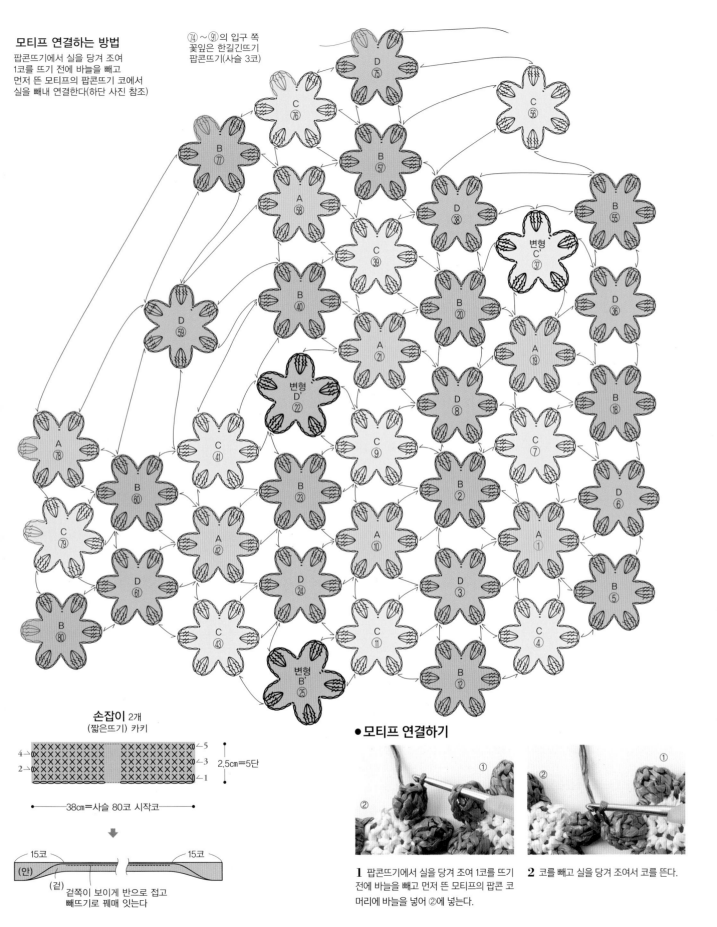

모티프 연결하는 방법
팝콘뜨기에서 실을 당겨 조여
1코를 뜨기 전에 바늘을 빼고
먼저 뜬 모티프의 팝콘뜨기 코에서
실을 빼내 연결한다(하단 사진 참조)

⑦④~⑨①의 입구 쪽
꽃잎은 한길긴뜨기
팝콘뜨기(사슬 3코)

손잡이 2개
(짧은뜨기) 카키

2.5cm=5단

38cm=사슬 80코 시작코

15코　　　　　15코

(안)
(겉)
겉쪽이 보이게 반으로 접고
빼뜨기로 꿰매 잇는다

● **모티프 연결하기**

1 팝콘뜨기에서 실을 당겨 조여 1코를 뜨기 전에 바늘을 빼고 먼저 뜬 모티프의 팝콘 코 머리에 바늘을 넣어 ②에 넣는다.

2 코를 빼고 실을 당겨 조여서 코를 뜬다.

20 서클백 Photo_P.24

|실|하마나카 에코안다리아(40g 1볼) 카키(59) 310g
|바늘|하마나카 아미아미 양쪽 코바늘 라쿠라쿠 5/0호
|게이지|한길긴뜨기 앞걸어뜨기 1단=0.8cm
　　　짧은뜨기 22코=10cm, 11단=5cm
|완성 치수|지름 31cm, 바닥 폭 5cm

|뜨는 방법|실 1가닥으로 뜹니다.
본체는 원형 시작코를 잡아 짧은뜨기와 사슬뜨기로 무늬뜨기 8개를 넣어 뜹니다. 2단부터는 도안과 같이 코를 늘려가며 20단까지 뜹니다. 같은 방법으로 본체 1장을 더 뜹니다. 옆판은 사슬 163코로 시작코를 만들고 짧은뜨기로 콧수 증감 없이 11단을 뜹니다. 손잡이는 사슬 122코로 시작코를 만들고 짧은뜨기와 빼뜨기로 도안과 같이 코를 늘려가며 뜹니다. 같은 방법으로 손잡이 1개를 더 뜹니다. 본체와 옆판을 겉쪽이 보이게 겹쳐 놓고 옆판 쪽을 보며 빼뜨기로 잇습니다. 이때 계속 이어서 입구에도 빼뜨기를 합니다. 손잡이를 지정한 위치에 꿰매서 연결합니다.

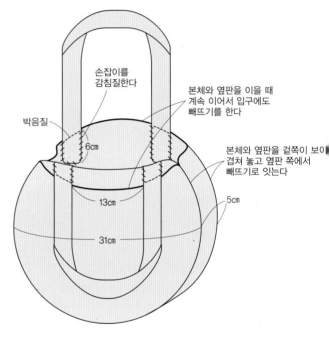

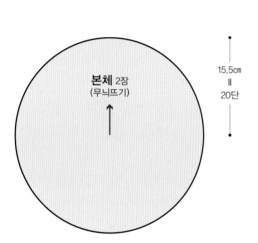

본체 2장
(무늬뜨기)

15.5cm
=
20단

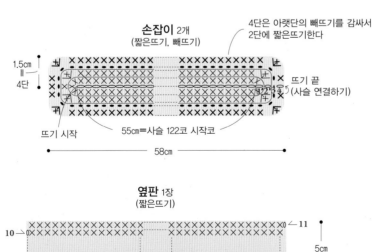

손잡이 2개
(짧은뜨기, 빼뜨기)

4단은 아랫단의 빼뜨기를 감싸서 2단에 짧은뜨기한다

1.5cm
=
4단

뜨기 끝
(사슬 연결하기)

뜨기 시작

55cm=사슬 122코 시작코

58cm

옆판 1장
(짧은뜨기)

74cm=사슬 163코 시작코

5cm
=
11단

뜨기 시작

본체
(무늬뜨기)

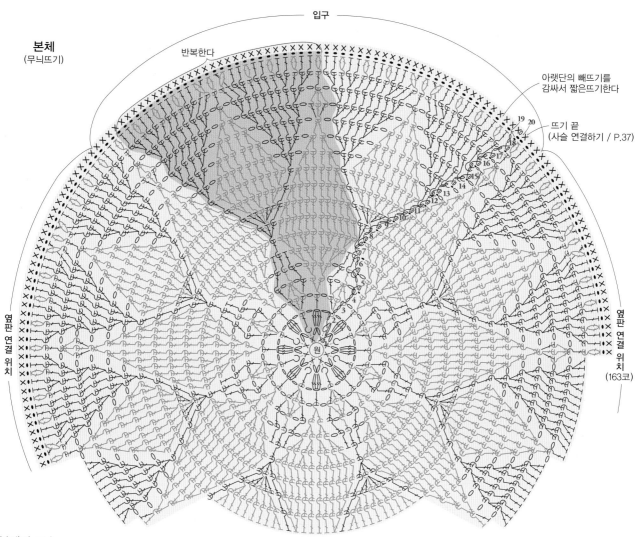

입구

반복한다

아랫단의 빼뜨기를
감싸서 짧은뜨기한다

뜨기 끝
(사슬 연결하기 / P.37)

옆판 연결 위치

옆판 연결 위치
(163코)

원

2단, 5~18단의 기둥코는
⌡ 대신 사슬 1코로 기둥코를
만들어서 짧은뜨기 뒤걸어뜨기를 한 뒤
다시 사슬 2코를 뜬다

가운데만 한길긴뜨기 앞걸어뜨기를 하고
양쪽은 아랫단의 같은 코에
한길긴뜨기를 한다

한길긴뜨기 앞걸어뜨기
2코 늘려뜨기

한길긴뜨기 뒤걸어뜨기
2코(3코) 늘려뜨기

한길긴뜨기 앞걸어뜨기 2코 구슬뜨기

한길긴뜨기 앞걸어뜨기
2코 구슬뜨기와 한길긴뜨기 교차뜨기
(P.94 '변형 한길긴뜨기 교차뜨기' 방법)

21 리본을 단 가방 Photo_P.25

|실| 하마나카 에코안다리아(40g 1볼)
그레이시핑크(54) 190g
|바늘| 하마나카 아미아미 양쪽 코바늘 라쿠라쿠 5/0호
|기타| 길이 3㎝ 브로치핀 1개
|게이지| ①무늬뜨기 20코=10㎝
1무늬(5단)=3.5㎝
짧은뜨기 18코=8㎝, 20단=10㎝
|완성 치수| 그림 참조

|뜨는 방법| 실 1가닥으로 뜹니다.
본체는 사슬 56코로 시작코를 만들고 ①무늬뜨기로 도안과 같이 2장을 뜹니다. 옆판은 사슬 10코로 시작코를 만들고 짧은뜨기로 도안과 같이 뜹니다. 손잡이는 사슬 76코로 시작코를 만들고 ②무늬뜨기로 콧수 증감 없이 5단을 뜹니다. 같은 방법으로 손잡이 1개를 더 뜹니다. 리본A, B도 사슬코로 시작코를 만들어서 도안과 같이 뜹니다. 본체와 옆판을 겉쪽이 보이게 겹쳐 놓고 짧은뜨기로 본체 쪽에서 잇습니다. 입구에 테두리뜨기를 ④무늬뜨기로 뜨고 지정한 위치에 손잡이를 연결합니다. 리본 모양을 만들어 안쪽에 브로치핀을 꿰매 본체에 답니다.

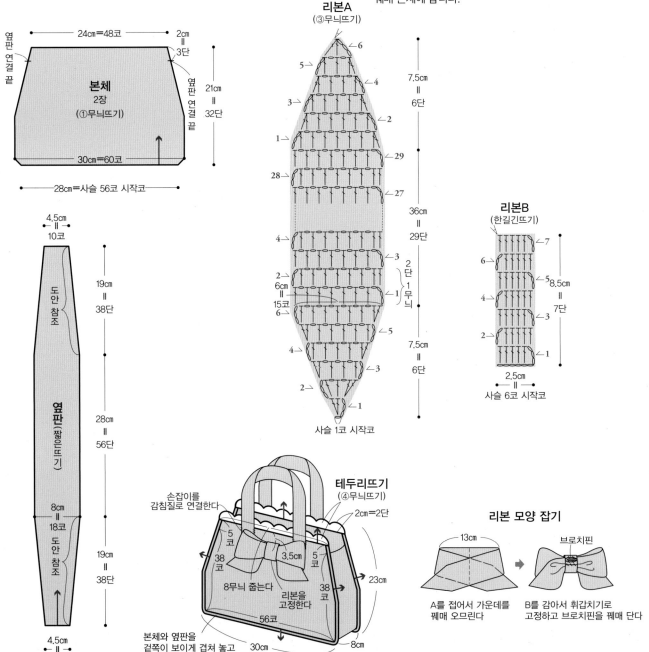

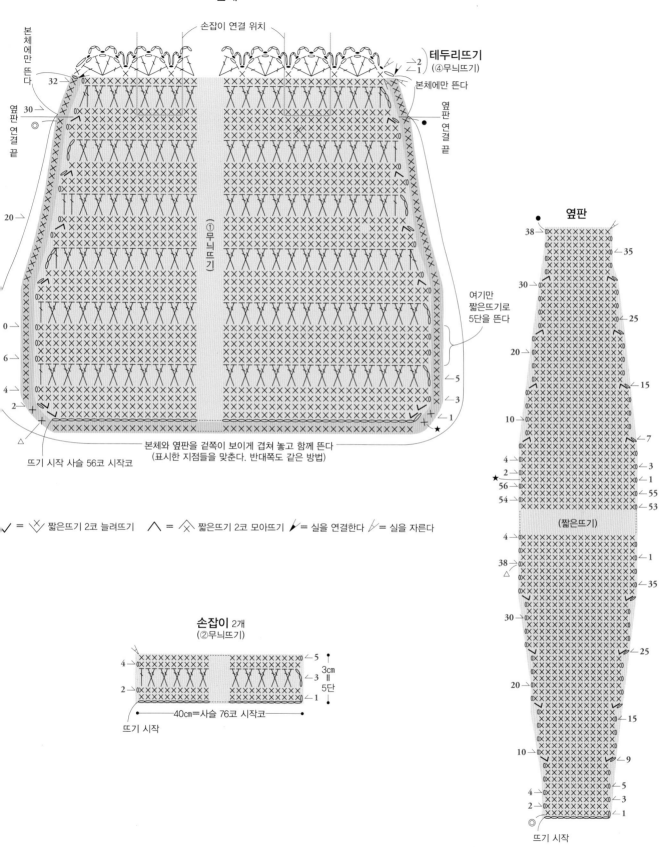

본체

손잡이 연결 위치

본체에만 뜬다

테두리뜨기
(④무늬뜨기)

본체에만 뜬다

옆판 연결 끝

①무늬뜨기

여기만 짧은뜨기로 5단을 뜬다

옆판 연결 끝

본체와 옆판을 겉쪽이 보이게 겹쳐 놓고 함께 뜬다
(표시한 지점들을 맞춘다. 반대쪽도 같은 방법)

뜨기 시작 사슬 56코 시작코

옆판

(짧은뜨기)

뜨기 시작

= 짧은뜨기 2코 늘려뜨기   = 짧은뜨기 2코 모아뜨기   = 실을 연결한다   = 실을 자른다

손잡이 2개
(②무늬뜨기)

3cm
=
5단

40cm=사슬 76코 시작코

뜨기 시작

22 스퀘어백 Photo_P.25

실	하마나카 에코안다리아(40g 1볼) 레트로그린(68) 150g, 흰색(1) 50g, 레트로핑크(71) 10g
바늘	하마나카 아미아미 양쪽 코바늘 라쿠라쿠 5/0호
게이지	①무늬뜨기 19코 21.5단=10cm×10cm ②무늬뜨기로 배색무늬뜨기 20코 14단=10cm×10cm
완성 치수	너비 24cm, 높이 24.5cm, 바닥 17cm

뜨는 방법 | 실 1가닥으로 뜹니다.

본체와 바닥은 사슬 45코로 시작코를 만들고 ①무늬뜨기로 바닥 중심부터 입구까지 뜹니다. 시작코에서 코를 주워 반대쪽을 같은 방법으로 뜹니다. 뜨개바탕의 양옆은 짧은뜨기로 모양을 잡습니다. 옆판은 사슬 32코로 시작코를 만들고 ②무늬뜨기로 배색무늬뜨기(걸치는 실을 감싸서 뜨는 방법)를 34단 뜬 다음 입구를 제외한 세 변에 짧은뜨기를 합니다. 같은 방법으로 옆판 1장을 더 뜹니다. 손잡이는 사슬 60코로 시작코를 만들고 짧은뜨기로 4단을 뜹니다. 양쪽에서 8코씩 남기고 반으로 접어서 휘갑치기로 꿰매 잇습니다. 같은 방법으로 손잡이 1개를 더 뜹니다. 본체와 바닥, 옆판을 겉쪽이 보이게 겹쳐 놓고 빼뜨기로 잇습니다. 입구에 실의 색을 바꿔가며 테두리뜨기를 하고 지정한 위치에 손잡이를 연결합니다.

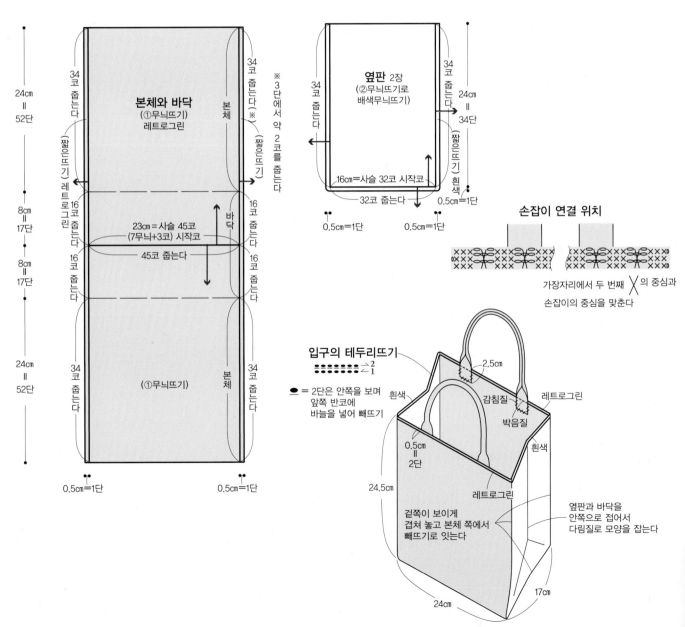

①무늬뜨기 기호도

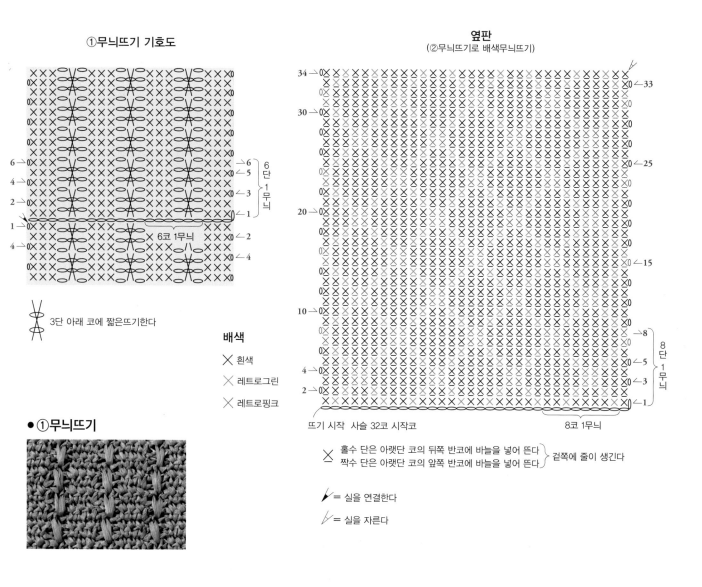

3단 아래 코에 짧은뜨기한다

6코 1무늬

6단 1무늬

배색

× 흰색
× 레트로그린
× 레트로핑크

● ①무늬뜨기

옆판
(②무늬뜨기로 배색무늬뜨기)

8코 1무늬

8단 1무늬

뜨기 시작 사슬 32코 시작코

× 홀수 단은 아랫단 코의 뒤쪽 반코에 바늘을 넣어 뜬다 ⎫ 겉쪽에 줄이 생긴다
 짝수 단은 아랫단 코의 앞쪽 반코에 바늘을 넣어 뜬다 ⎭

= 실을 연결한다

= 실을 자른다

손잡이 2개
(짧은뜨기) 레트로그린

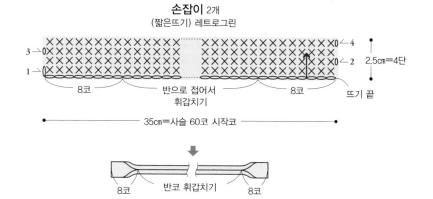

8코 반으로 접어서
휘갑치기 8코 뜨기 끝

2.5cm=4단

35cm=사슬 60코 시작코

8코 반코 휘갑치기 8코

23 대나무 핸들 백 Photo_P.27

a

b

| 실 | 하마나카 에코안다리아(40g 1볼)
a 베이지(23) 190g, b 겨자색(139) 190g

| 바늘 | 하마나카 아미아미 양쪽 코바늘 라쿠라쿠 7/0호

| 기타 | 하마나카 대나무형 핸들
원형(지름 14cm / H210-623-1) 1세트

| 게이지 | ①무늬뜨기 18코=10cm, 4무늬(16단)=9.5cm
②무늬뜨기 5코=3cm, 16단=9.5cm

| 완성 치수 | 그림 참조

| 뜨는 방법 | 실 1가닥으로 뜹니다.

본체A, B는 각각 스레드끈뜨기 40코를 떠서 시작코를 만들어서 사슬코를 남기고 코를 주워 ①, ②무늬뜨기로 A는 32단, B는 31단을 뜹니다. 본체A, B를 안쪽이 보이게 겹쳐 놓고 옆쪽에서 바닥을 빼뜨기로 잇습니다. 입구에 테두리뜨기를 하고 핸들을 감싸서 뜹니다.

본체A, B 각 1장

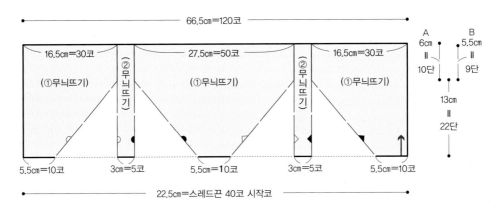

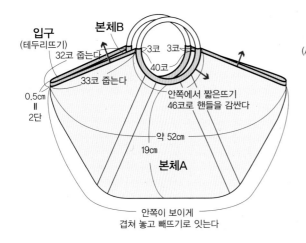

●본체를 뜰 때 코를 줍는 방법

스레드끈의 실 1가닥에 바늘을 넣어 짧은뜨기한다.

●손잡이 연결 방법

스레드끈의 남은 사슬코를 주워 대나무 핸들을 감싸서 짧은뜨기한다.

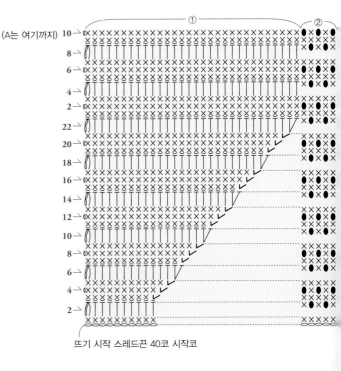

뜨기 시작 스레드끈 40코 시작코

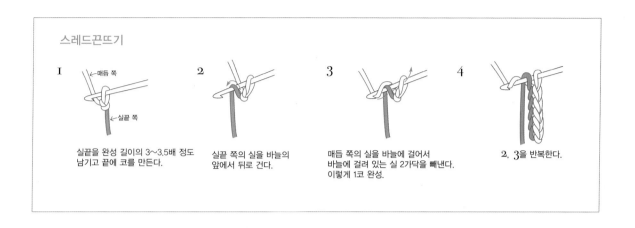

스레드끈뜨기

1
매듭 쪽
실끝 쪽

실끝을 완성 길이의 3~3.5배 정도
남기고 끝에 코를 만든다.

2

실끝 쪽의 실을 바늘의
앞에서 뒤로 건다.

3

매듭 쪽의 실을 바늘에 걸어서
바늘에 걸려 있는 실 2가닥을 빼낸다.
이렇게 1코 완성.

4

2, 3을 반복한다.

입구의 테두리뜨기

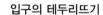

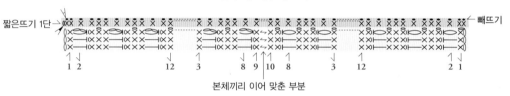

짧은뜨기 1단 ←── ──→ 빼뜨기

1 2　　　　12　　3　　8 9 10 8　　3　　12　　2 1

본체끼리 이어 맞춘 부분

본체(무늬뜨기)

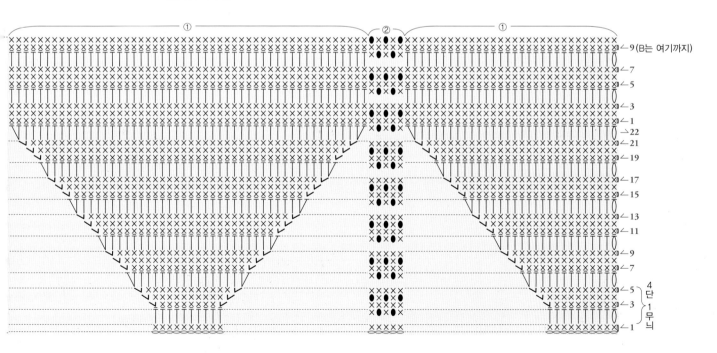

① ② ①

9 (B는 여기까지)
7
5
3
1
22
21
19
17
15
13
11
9
7
5 ┐ 4
3 │ 단
1 ┘ 1 무 늬

⋁ = 짧은뜨기 2코 늘려뜨기　　● = 한길긴뜨기 3코 구슬뜨기　　↗ = 실을 연결한다

⤬ = 아랫단 코의 뒤쪽 반코에 바늘을 넣어 뜬다　　↗ = 실을 자른다

24 둘러싸서 짧은뜨기로 만든 가방 Photo_P.28

|실|하마나카 에코안다리아(40g 1볼)
차콜그레이(151) 110g
|바늘|하마나카 아미아미 양쪽 코바늘 라쿠라쿠 6/0호
|기타|둘러싸서 짧은뜨기 전용 끈
검정(H204-635-2) 14m 1롤
|게이지|둘러싸서 짧은뜨기 17.5코 10단=10cm×10cm
짧은뜨기 18코=10cm, 9단=5cm
|완성 치수|그림 참조

|뜨는 방법|실 1가닥으로 뜹니다.
본체와 손잡이는 사슬 32코로 시작코를 만들고 둘러싸서 짧은뜨기로 도안과 같이 뜹니다. 옆판은 사슬 20코로 시작코를 만들고 짧은뜨기로 도안과 같이 뜹니다. 본체와 손잡이, 옆판을 겉쪽이 보이게 겹쳐 놓고 빼뜨기로 잇습니다.

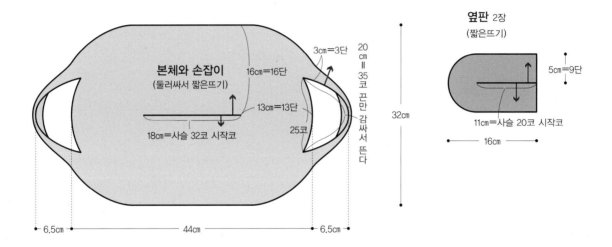

본체와 손잡이
(둘러싸서 짧은뜨기)

16cm=16단
3cm=3단
20cm=35코 끈만 감싸서 뜬다
13cm=13단
18cm=사슬 32코 시작코
25코
32cm
6.5cm
44cm
6.5cm

옆판 2장
(짧은뜨기)

5cm=9단
11cm=사슬 20코 시작코
16cm

●둘러싸서 짧은뜨기

사슬 32코 시작코

1 뜨기 시작. 사슬 32코로 시작코를 만들고 사슬로 기둥코를 뜰 때 끈을 감싸서 뜬다.

2 끈을 사슬코와 함께 감싸서 짧은뜨기 32코를 뜬다.

3 32코를 뜨고 나면 되돌아오는 부분의 5코는 끈만 감싸서 짧은뜨기한다.

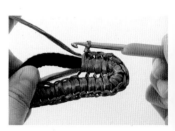

4 반대쪽은 사슬이 남은 코를 주워서 같은 방법으로 짧은뜨기한다.

5 뜨기 끝 부분까지 5cm 정도 남으면 끈을 뜨기 끝 부분에 맞춰서 자른 뒤 손으로 끈을 풀어서 점점 가늘어지게 사선으로 자른다.

6 단 끝까지 둘러싸서 짧은뜨기를 한다.

7 뜨기 시작 부분의 끈은 풀리지 않게 접착제를 발라서 안쪽에 고정한다.

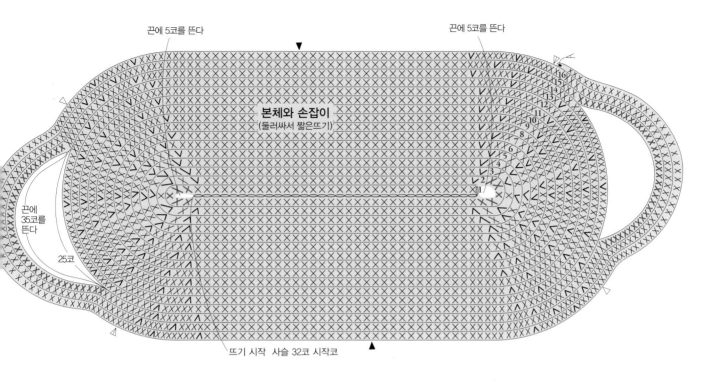

끈에 5코를 뜬다

끈에 5코를 뜬다

본체와 손잡이
(돌려싸서 짧은뜨기)

끈에 35코를 뜬다

25코

뜨기 시작 사슬 32코 시작코

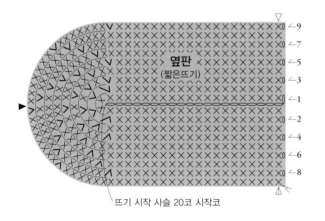

옆판
(짧은뜨기)

뜨기 시작 사슬 20코 시작코

옆판의 콧수와 코 늘리기

단	콧수	코 늘리기
9	74코	
8	70코	
7	66코	
6	62코	각 단마다 4코씩 늘린다
5	58코	
4	54코	
3	50코	
2	46코	
1	시작코에서 42코 줍는다	

본체와 손잡이의 콧수와 코 늘리기

단	콧수	코 늘리기
16	236코	각 단마다 8코씩 늘린다
15	228코	
14	220코	8코 늘린다+손잡이 70코(50코 쉬게 한다)
13	192코	
12	182코	
11	172코	
10	162코	
9	152코	
8	142코	각 단마다 10코씩 늘린다
7	132코	
6	122코	
5	112코	
4	102코	
3	92코	
2	82코	8코 늘린다
1	시작코와 끈에서 74코 줍는다	

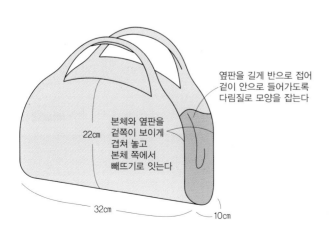

옆판을 길게 반으로 접어 겉이 안으로 들어가도록 다림질로 모양을 잡는다

본체와 옆판을 겉쪽이 보이게 겹쳐 놓고 본체 쪽에서 빼뜨기로 잇는다

22cm

32cm

10cm

∨ = 짧은뜨기 2코 늘려뜨기

X 시작코, 아랫단 코에 뜨지 않고 끈만 감싸서 뜬다

▲·△·⚠ 표시를 맞춰서 본체와 옆판을 잇는다

↗ = 실을 자른다

25 체인 백 Photo_P.29

| 실 | 하마나카 에코안다리아(40g 1볼)
검정(30) 75g, 베이지(23) 55g
| 바늘 | 하마나카 아미아미 양쪽 코바늘 라쿠라쿠 5/0호
| 기타 | 하마나카 사각 잠금장식
골드(H206-041-1) 1세트
하마나카 가방용 사각 링 골드(H206-053-1) 1세트
가방용 체인 1m
| 게이지 | 짧은뜨기로 배색무늬뜨기
20코 20단=10cm×10cm
| 완성 치수 | 그림 참조

| 뜨는 방법 | 실 1가닥으로 뜹니다.
본체와 덮개는 사슬 50코로 시작코를 만들고 짧은뜨기로 배색무늬
뜨기를 합니다. 지정한 위치에서는 옆판을 짧은뜨기(양쪽이 1단 어
긋난다)하고 잠금장식 연결 위치의 구멍을 만들어 뜹니다. 옆판을
겉쪽이 보이게 접어서 테두리에 짧은뜨기(바닥의 접은 선 부분만
빼뜨기)해서 잇습니다. 사각 링을 휘갑치기로 달아서 체인을 연결
합니다. 잠금장식을 답니다.

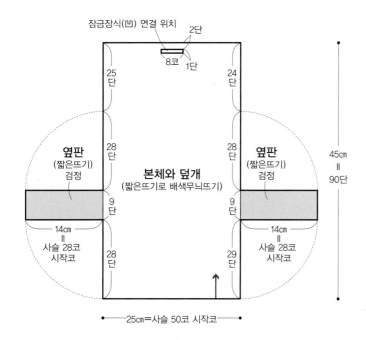

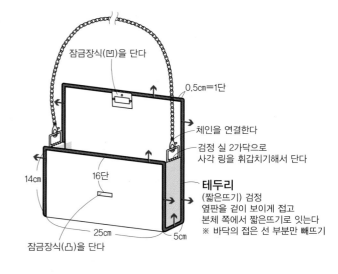

잠금장식을 다는 방법

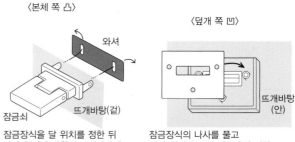

〈본체 쪽 凸〉

와셔

잠금쇠   뜨개바탕(겉)

잠금장식을 달 위치를 정한 뒤
다리 위치에 맞춰서 뜨개바탕에
구멍을 만들어 잠금쇠의 다리를
끼우고 와셔를 끼워서 다리를
바깥쪽으로 구부린다.

〈덮개 쪽 凹〉

뜨개바탕
(안)

잠금장식의 나사를 풀고
연결 위치의 구멍 양쪽에서 끼워
나사를 조인다.

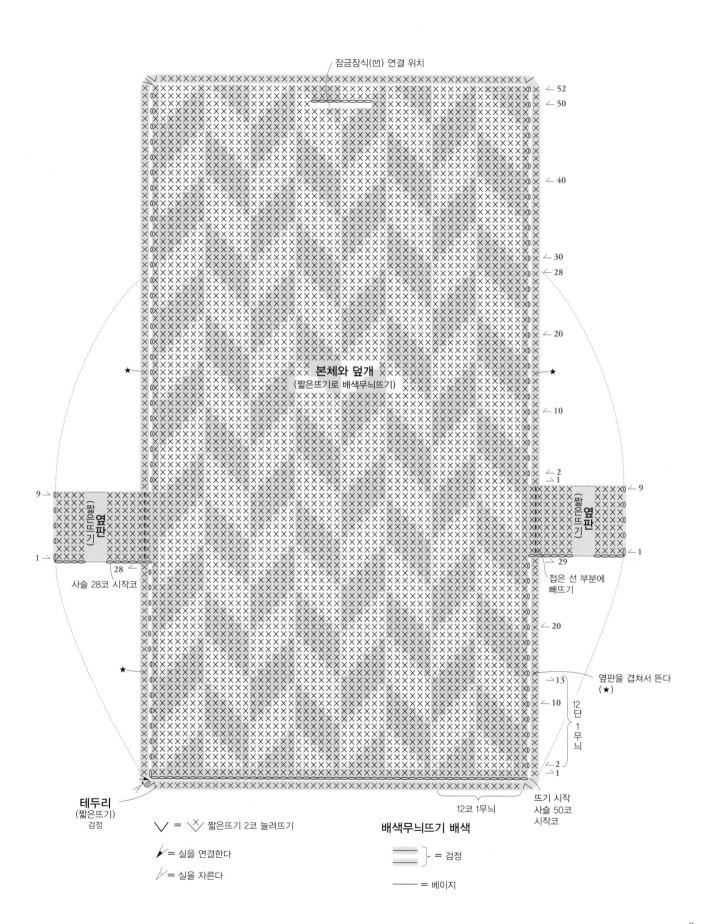

잠금장식(凹) 연결 위치

←52
←50

←40

←30
←28

←20

←10

본체와 덮개
(짧은뜨기로 배색무늬뜨기)

★   ★

←2
→1

9←   옆판   옆판   ←9
   (짧은뜨기)   (짧은뜨기)

1←   ←1

28←   →29

사슬 28코 시작코   접은 선 부분에 빼뜨기

★

←20

→13   옆판을 겹쳐서 뜬다 (★)

←10   12 단 1 무 늬

→2
→1

★

테두리
(짧은뜨기)
검정

12코 1무늬   뜨기 시작 사슬 50코 시작코

∨ = ∨ 짧은뜨기 2코 늘려뜨기

↗ = 실을 연결한다

↙ = 실을 자른다

배색무늬뜨기 배색

 = 검정

——— = 베이지

83

27 투웨이 백 Photo_P.31

| 실 | 하마나카 에코안다리아(40g 1볼)
오프화이트(168) 95g, 레드(7) 70g
| 바늘 | 하마나카 아미아미 양쪽 코바늘 라쿠라쿠 6/0호
| 게이지 | 짧은뜨기 18단=9㎝
무늬뜨기 줄무늬 17코=10㎝, 1무늬(4단)=2.2㎝
| 완성 치수 | 입구 너비 32㎝, 높이 22㎝

| 뜨는 방법 | 실 1가닥으로 뜹니다.
바닥은 원형 시작코를 잡아 짧은뜨기 6코를 넣어 뜹니다. 2단부터는 도안과 같이 코를 늘려가며 18단까지 뜹니다. 본체는 무늬뜨기 줄무늬, 입구는 짧은뜨기(8단은 빼뜨기)로 손잡이 통과 구멍을 만들어가며 뜹니다. 손잡이는 새우뜨기로 만들고 손잡이 통과 구멍에 끼워서 고리 모양으로 꿰맵니다.

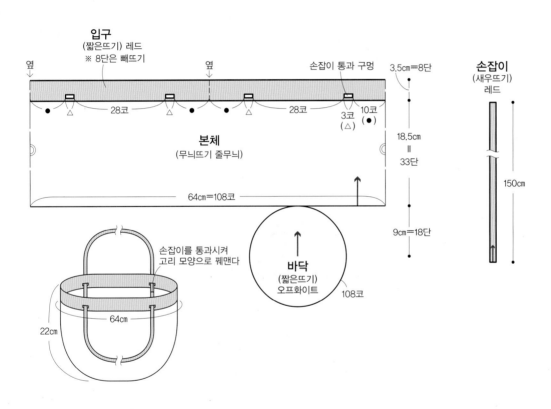

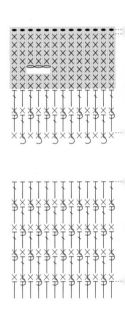

바닥의 콧수와 코 늘리기

단	콧수	코 늘리기
18	108코	
17	102코	
16	96코	
15	90코	
14	84코	
13	78코	
12	72코	
11	66코	
10	60코	각 단마다 6코씩 늘린다
9	54코	
8	48코	
7	42코	
6	36코	
5	30코	
4	24코	
3	18코	
2	12코	
1	원 속에 6코 넣어 뜨기	

●무늬뜨기 방법

1 본체 3단. 사슬 2코로 기둥코를 만들고 다음 코 1단의 긴뜨기에 한길긴뜨기 앞걸어뜨기를 한다.

2 다음 코는 아랫단에 긴뜨기한다.

3 1, 2를 반복한다.

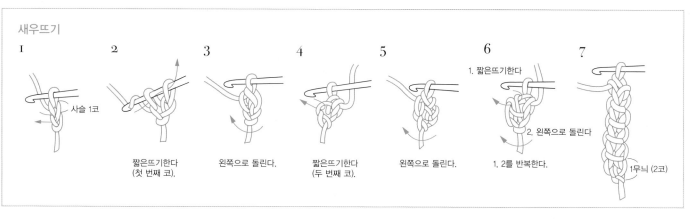

새우뜨기

I	2	3	4	5	6	7
사슬 1코	짧은뜨기한다 (첫 번째 코).	왼쪽으로 돌린다.	짧은뜨기한다 (두 번째 코).	왼쪽으로 돌린다.	1. 짧은뜨기한다 2. 왼쪽으로 돌린다 1, 2를 반복한다.	1무늬 (2코)

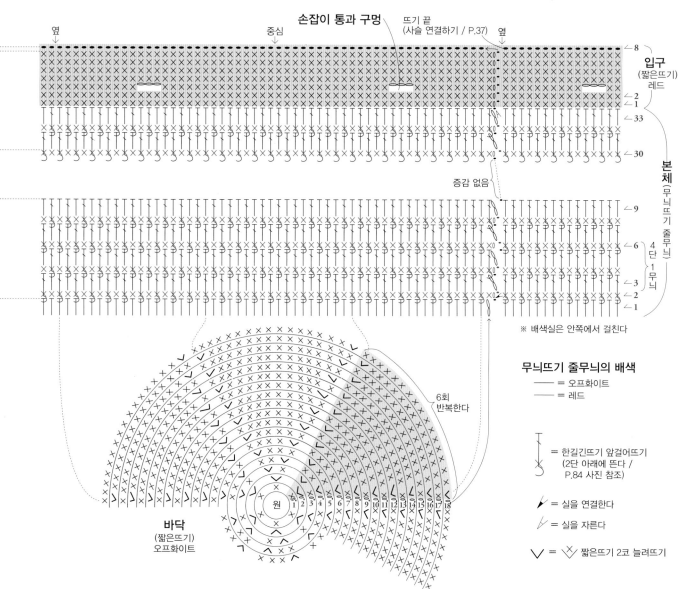

옆   중심   손잡이 통과 구멍   뜨기 끝
(사슬 연결하기 / P.37)   옆

입구
(짧은뜨기)
레드

본체(무늬뜨기 줄무늬)

증감 없음

4단
1무늬

※ 배색실은 안쪽에서 걸친다

바닥
(짧은뜨기)
오프화이트

원

6회
반복한다

무늬뜨기 줄무늬의 배색

— = 오프화이트

— = 레드

⟊ = 한길긴뜨기 앞걸어뜨기
(2단 아래에 뜬다 /
P.84 사진 참조)

⟋ = 실을 연결한다

⟍ = 실을 자른다

∨ = ∨ 짧은뜨기 2코 늘려뜨기

29 메리야스짧은뜨기로 만든 가방 Photo_P.34

| 실 | 하마나카 에코안다리아(40g 1볼)
차콜그레이(151) 210g, 흰색(1) 150g
| 바늘 | 하마나카 아미아미 양쪽 코바늘 라쿠라쿠 6/0호
| 게이지 | 무늬뜨기 18코=10cm, 27단=6.5cm
메리야스짧은뜨기로 ①배색무늬뜨기
18코 21단=10cm×10cm
| 완성 치수 | 입구 너비 44cm, 높이 27.5cm, 바닥 13cm

| 뜨는 방법 | 실 1가닥으로 뜹니다. 바닥은 사슬 33코로 시작코를 만들고 무늬뜨기로 코를 늘려가며 27단을 떠서 실을 자릅니다. 바닥의 지정한 위치에 새로 실을 연결해서 본체는 메리야스짧은뜨기로 ①, ②배색무늬뜨기를 콧수 증감 없이 뜹니다. 손잡이는 원형 시작코를 잡아 짧은뜨기 7코를 넣어 뜨고 2단부터 왕복해서 뜬 뒤 뜨기 끝 부분의 실을 마지막 단의 코에 통과시켜 바짝 조입니다. 손잡이 가장자리를 휘갑치기하고 심으로 사용할 실을 안에 넣은 뒤 손잡이의 나머지 부분을 휘갑쳐서 지정한 위치에 꿰매 연결합니다.

손잡이 만들기

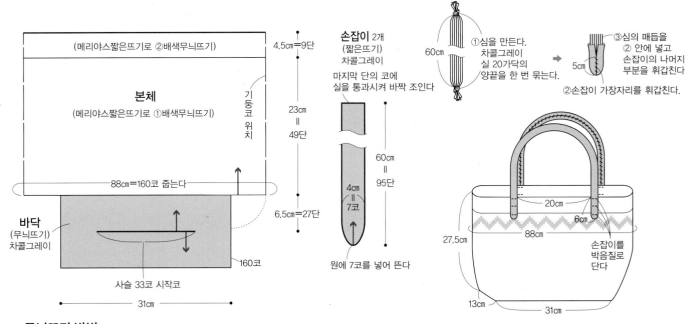

● 무늬뜨기 방법

1 본체 1단은 흰색 1가닥으로 뜬다. 마지막 짧은뜨기를 빼뜨기할 때 차콜그레이로 바꾼다.

2 2단. 흰색 실을 감싸서 차콜그레이로 뜬다. 아랫단 짧은뜨기의 다리에서 오른쪽 실 1가닥에만 바늘을 넣는다.

3 실을 걸어서 뺀다.

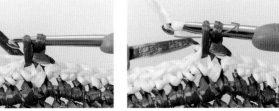

4 흰색 실을 바늘에 걸어서 뺀다. 이때 차콜그레이 실을 뒤쪽에서 앞쪽으로 가져와 끼워 넣는다.

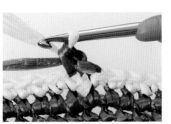

5 메리야스짧은뜨기 1코 완성.

6 다음 코는 차콜그레이를 감싸서 흰색 실로 뜬다. **2**와 같은 방법으로 아랫단 짧은뜨기의 다리에서 오른쪽 실 1가닥에만 바늘을 넣어 뜬다.

7 흰색으로 6코를 뜨고 일곱 번째 코의 짧은뜨기를 빼뜨기할 때 차콜그레이로 바꾼다. 그다음 과정은 도안을 보며 배색해서 뜬다. 색을 바꿀 때는 반드시 배색실을 앞쪽으로 가져와 끼워 넣는다.

손잡이 뜨는 방법

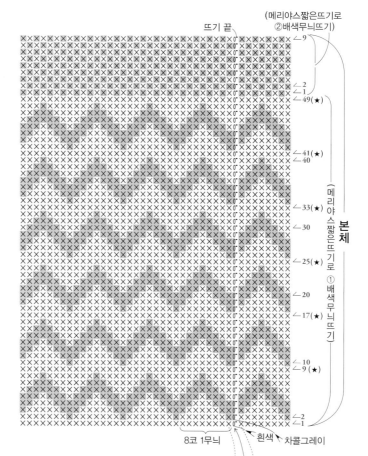

뜨기 끝

뜨기 끝

94 ― 0   X X X X X   0 ← 95
93 ― 0   X X X X X   0 ← 93

증감 없음

4 ― 0   X X X X X   0 ← 3
2 ― 0   X X X X X   0 ← 3

1

원

∨ = 짧은뜨기 2코 늘려뜨기

∨ = 짧은뜨기 3코 늘려뜨기

↗ = 실을 연결한다

↗ = 실을 자른다

배색

× = 흰색
(차콜그레이를 심으로 해 감싸서 뜬다)
· ★의 단은 차콜그레이를 감싸서 뜨지 않는다

× = 차콜그레이
(흰색을 심으로 해 감싸서 뜬다)

(메리야스짧은뜨기로
②배색무늬뜨기)

← 9

← 2
← 1
← 49(★)

← 41(★)
← 40

← 33(★)
← 30

← 25(★)
← 20

← 17(★)

← 10
← 9(★)

← 2
← 1

본체

(메리야스짧은뜨기로 ① 배색무늬뜨기)

8코 1무늬   흰색 ↙ ↘ 차콜그레이

바닥의 기둥코를 뜨는 방법

아랫단의 마지막 빼뜨기와 같은 자리에 바늘을 넣어서 빼뜨기한다.

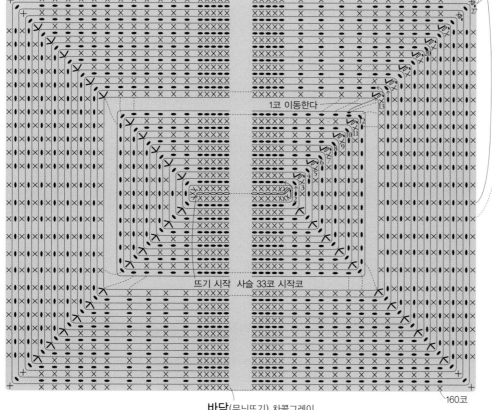

1코 이동한다

뜨기 시작 사슬 33코 시작코

바닥(무늬뜨기) 차콜그레이
· 1단을 제외한 홀수 단은 아랫단의 빼뜨기를 감싸서 2단 아래에 뜬다.
· 13단은 모서리에서 늘어난 코를 1코 이동해서 뜬다.

160코

바닥의 콧수와 코 늘리기

단	콧수	코 늘리기
24~27	160코	증감 없음
23	160코	
21	152코	
19	144코	
17	136코	
15	128코	
13	120코	홀수 단에서 8코씩 늘린다
11	112코	
9	104코	
7	96코	
5	88코	
3	80코	
1	시작코 양쪽에서 72코를 줍는다	

※ 짝수 단은 콧수 증감 없음

30 바이컬러 캡 Photo_P.35

|실| 하마나카 에코안다리아(40g 1볼)
샌드베이지(169) 75g, 검정(30) 35g
|바늘| 하마나카 아미아미 양쪽 코바늘 라쿠라쿠 5/0호
|기타| 하마나카 테크노로트 L(H430-058) 70cm,
열수축 튜브(H204-605) 10cm 2개
|게이지| 짧은뜨기 21코 22단＝10cm×10cm
|완성 치수| 머리둘레 57cm, 높이 17cm

|뜨는 방법| 실 1가닥으로 뜹니다.
크라운은 원형 시작코를 잡아 짧은뜨기 12코를 넣어 뜹니다. 2단부터는 기둥코 없이 도안처럼 코를 늘려가며 36단까지 원형으로 뜹니다. 지정한 배색으로 빼뜨기 1단을 뜨고 실을 연결해서 챙을 뜹니다. 그런 다음 테두리뜨기를 하는데 이때 챙에는 테크노로트를 감싸서 뜹니다.

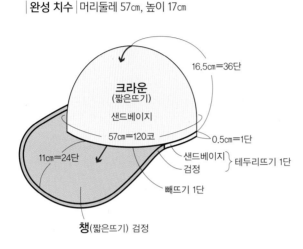

16.5cm=36단
크라운
(짧은뜨기)
샌드베이지
57cm=120코
0.5cm=1단
샌드베이지
검정
테두리뜨기 1단
빼뜨기 1단
11cm=24단
챙(짧은뜨기) 검정

테크노로트를 감싸서 뜨는 방법

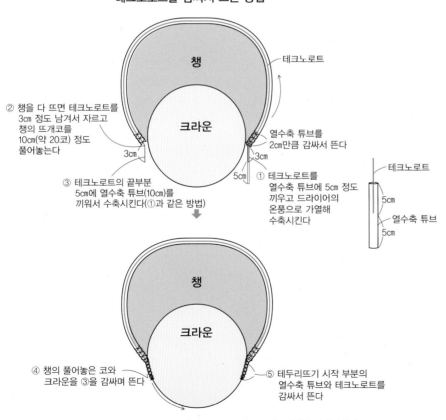

챙
크라운
테크노로트

② 챙을 다 뜨면 테크노로트를 3cm 정도 남겨서 자르고 챙의 뜨개코를 10cm(약 20코) 정도 풀어놓는다
3cm
③ 테크노로트의 끝부분 5cm에 열수축 튜브(10cm)를 끼워서 수축시킨다(①과 같은 방법)

열수축 튜브를 2cm만큼 감싸서 뜬다
3cm
5cm
① 테크노로트를 열수축 튜브에 5cm 정도 끼우고 드라이어의 온풍으로 가열해 수축시킨다

테크노로트
5cm
5cm
열수축 튜브

챙
크라운

④ 챙의 풀어놓은 코와 크라운을 ③을 감싸며 뜬다
⑤ 테두리뜨기 시작 부분의 열수축 튜브와 테크노로트를 감싸서 뜬다

※ ④, ⑤ 모두 열수축 튜브를 끝에서 1cm 정도 남기고 감싸서 뜬다
다 뜬 후에 뜨개바탕 모양을 잡아서 열수축 튜브의 끝을 자르면 예쁘게 완성된다

크라운의 콧수와 코 늘리기

단	콧수	코 늘리기
빼뜨기	119코	검정 66코 샌드베이지 53코
24~36	120코	증감 없음
23	120코	6코 늘린다
21, 22	114코	증감 없음
20	114코	6코 늘린다
19	108코	증감 없음
18	108코	각 단마다 6코씩 늘린다
17	102코	
16	96코	증감 없음
15	96코	
14	90코	
13	84코	
12	78코	
11	72코	
10	66코	각 단마다 6코씩 늘린다
9	60코	
8	54코	
7	48코	
6	42코	
5	36코	
4	30코	
3	24코	
2	18코	
1	원 속에 12코 넣어 뜨기	

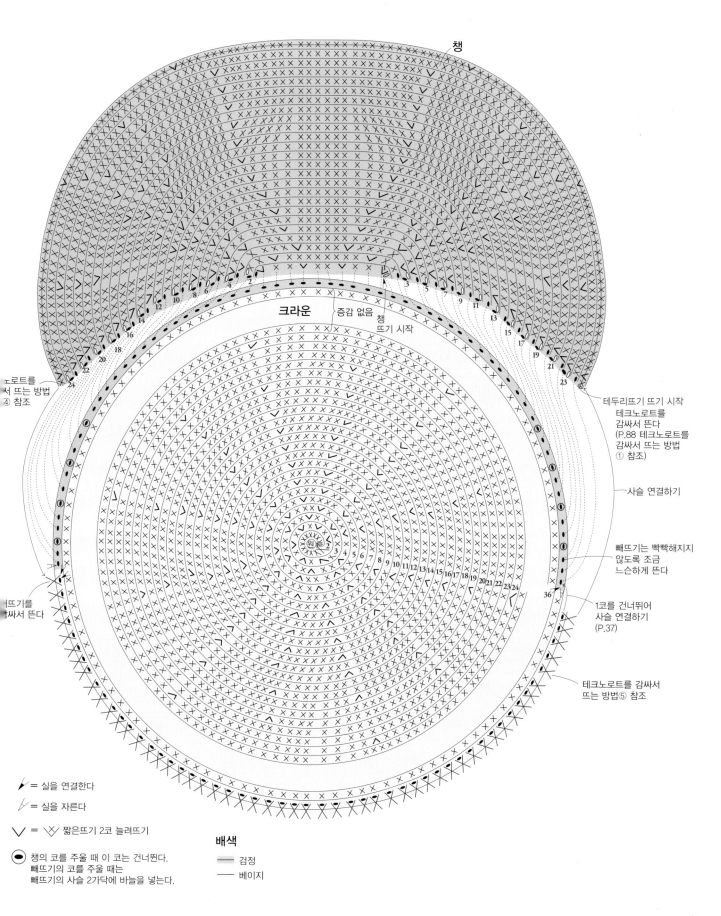

챙

크라운

증감 없음

챙 뜨기 시작

원

테두리뜨기 뜨기 시작
테크노로트를
감싸서 뜬다
(P.88 테크노로트를
감싸서 뜨는 방법
① 참조)

사슬 연결하기

빼뜨기는 빡빡해지지
않도록 조금
느슨하게 뜬다

1코를 건너뛰어
사슬 연결하기
(P.37)

테크노로트를 감싸서
뜨는 방법⑤ 참조

노로트를
서 뜨는 방법
④ 참조

뜨기를
싸서 뜬다

= 실을 연결한다

= 실을 자른다

∨ = 짧은뜨기 2코 늘려뜨기

챙의 코를 주울 때 이 코는 건너뛴다.
빼뜨기의 코를 주울 때는
빼뜨기의 사슬 2가닥에 바늘을 넣는다.

배색

검정

베이지

실 | 하마나카 에코안다리아(40g 1볼)
a 네이비(57) 95g, b 흰색(1) 95g

바늘 | 하마나카 아미아미 양쪽 코바늘 라쿠라쿠 6/0호

게이지 | 짧은뜨기 19.5코 19.5단=10cm×10cm
무늬뜨기 8단=7cm

완성 치수 | 머리둘레 58cm, 높이 17cm

뜨는 방법 | 실 1가닥으로 뜹니다.
원형 시작코를 잡아 짧은뜨기 8코를 넣어 뜹니다. 2단부터는 도안과 같이 코를 늘려가며 짧은뜨기로 크라운을 뜹니다. 그런 다음 챙을 무늬뜨기로 도안과 같이 코를 늘려가며 왕복해서 뜹니다. 뒤쪽 중심에 실을 연결해서 챙의 둘레에 짧은뜨기 1단을 뜹니다.

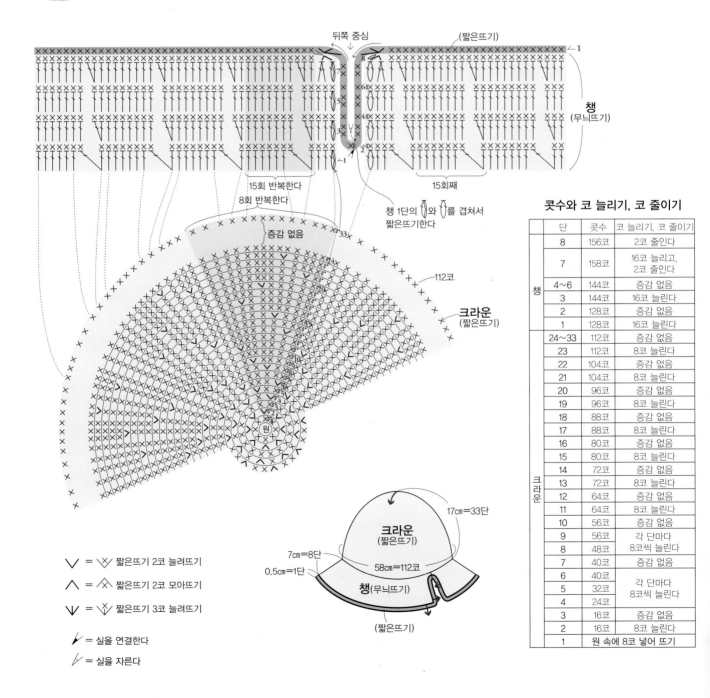

콧수와 코 늘리기, 코 줄이기

	단	콧수	코 늘리기, 코 줄이기
챙	8	156코	2코 줄인다
	7	158코	16코 늘리고, 2코 줄인다
	4~6	144코	증감 없음
	3	144코	16코 늘린다
	2	128코	증감 없음
	1	128코	16코 늘린다
크라운	24~33	112코	증감 없음
	23	112코	8코 늘린다
	22	104코	증감 없음
	21	104코	8코 늘린다
	20	96코	증감 없음
	19	96코	8코 늘린다
	18	88코	증감 없음
	17	88코	8코 늘린다
	16	80코	증감 없음
	15	80코	8코 늘린다
	14	72코	증감 없음
	13	72코	8코 늘린다
	12	64코	증감 없음
	11	64코	8코 늘린다
	10	56코	증감 없음
	9	56코	각 단마다 8코씩 늘린다
	8	48코	각 단마다 8코씩 늘린다
	7	40코	증감 없음
	6	40코	각 단마다 8코씩 늘린다
	5	32코	각 단마다 8코씩 늘린다
	4	24코	
	3	16코	증감 없음
	2	16코	8코 늘린다
	1	원 속에 8코 넣어 뜨기	

도안 설명:

뒤쪽 중심
(짧은뜨기)
챙 (무늬뜨기)
15회 반복한다
8회 반복한다
증감 없음
112코
크라운 (짧은뜨기)
챙 1단의 ∨와 ∧를 겹쳐서 짧은뜨기한다
15회째
원

완성 그림:
크라운 (짧은뜨기) 17cm=33단
7cm=8단
0.5cm=1단
58cm=112코
챙 (무늬뜨기)
(짧은뜨기)

범례:
∨ = ∨ 짧은뜨기 2코 늘려뜨기
∧ = ∧ 짧은뜨기 2코 모아뜨기
∨ = ∨ 짧은뜨기 3코 늘려뜨기

↗ = 실을 연결한다
↗ = 실을 자른다

코바늘뜨기의 기초

| 뜨개코 기호 |

사슬뜨기

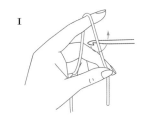 1

 2

 3
실끝을 당겨서
고리를 조인다.

 4

 5

짧은뜨기

 1
기둥코
사슬뜨기 1코
사슬뜨기 1코로 기둥코를 만들고
시작코의 첫코를 줍는다.

 2
바늘에 실을 걸어서
화살표와 같이 뺀다.

 3
바늘에 실을 걸어서 바늘에 걸려 있던
고리를 한 번에 빼낸다.

 4
1코 완성.
짧은뜨기는 기둥코인
사슬뜨기를 1코로 세지 않는다.

 5
1~3을
반복한다.

 6

긴뜨기

 1
기둥코
사슬뜨기 2코
사슬뜨기 2코로 기둥코를 만든다.
바늘에 실을 걸어서 시작코의 두 번째 코를 줍는다.

 2
바늘에 실을 걸어서 화살표와 같이 사슬뜨기 2코
길이로 실을 뺀다. 이 상태가 '긴뜨기 미완성코'다.

 3
바늘에 실을 걸어서 바늘에 걸려 있던
고리를 한 번에 빼낸다.

 4
1코 완성.
기둥코인 사슬뜨기를 1코로 센다.

 5
1~3을 반복한다.

 6

한길긴뜨기

 1
기둥코
사슬뜨기 3코
사슬뜨기 3코로 기둥코를 만든다.
바늘에 실을 걸어서 시작코의 두 번째 코를 줍는다.

 2
바늘에 실을 걸어서 화살표와 같이
1단 길이의 반 정도까지 실을 뺀다.

 3
바늘에 실을 걸어서 1단 길이까지
실을 뺀다. 이 상태가
'한길긴뜨기 미완성코'다.

 4
바늘에 실을 걸어서 바늘에 걸려 있던
고리를 한 번에 빼낸다.

5
1코 완성.
기둥코인 사슬뜨기를 1코로 센다.

 6
1~4를 반복한다.

빼뜨기

 1
아랫단의 코머리를 줍는다.

 2
바늘에 실을 걸어서 한 번에 빼낸다.

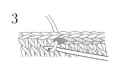 3
1, 2를 반복해서 뜨개코가
당기지 않을 정도로 느슨하게 뜬다.

91

두길긴뜨기

I 기둥코 사슬뜨기 4코

사슬뜨기 4코로 기둥코를 만든다.
바늘에 실을 두 번 감아서
시작코의 두 번째 코를 줍는다.

2 바늘에 실을 걸어서 화살표와 같이
1단 길이의 1/3 정도까지 실을 뺀다.

3 바늘에 실을 걸어서 고리 두 개를 빼낸다.

4 바늘에 실을 걸어서
고리 두 개를 빼낸다.

5 바늘에 실을 걸어서
나머지 고리 두 개를 빼낸다.

6 I~5를 반복한다.
기둥코인 사슬뜨기를 1코로 센다.

짧은뜨기 2코 늘려뜨기

I 짧은뜨기 1코를 뜨고
같은 자리에 1코를 더 뜬다.

2 1코 늘어난다.

긴뜨기 2코 늘려뜨기

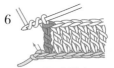

긴뜨기 1코를 뜨고
같은 자리에 바늘을 넣어서
한 번 더 긴뜨기를 한다.

한길긴뜨기 2코 늘려뜨기

※ 늘려뜨는 콧수가 늘어나도
같은 방법으로 뜬다.

I 한길긴뜨기 1코를 뜨고
같은 자리에 한 번 더
바늘을 넣는다.

2 코의 길이를 맞춰서
한길긴뜨기한다.

3 1코 늘어난다.

짧은뜨기 3코 늘려뜨기

'짧은뜨기 2코 늘려뜨기' 방법으로
같은 자리에 짧은뜨기 3코를 뜬다.

짧은뜨기 2코 모아뜨기

I 첫코의 실을 빼고
다음 코에서도 실을 뺀다.

2 바늘에 실을 걸어서
바늘에 걸려 있는
모든 고리를 한 번에 빼낸다.

3 짧은뜨기 2코가
1코가 된다.

긴뜨기 2코 모아뜨기

'한길긴뜨기 2코 모아뜨기'
방법으로 긴뜨기 2코 모아뜨기를
한다.

긴뜨기 3코 모아뜨기

'한길긴뜨기 2코 모아뜨기'
방법으로 긴뜨기 3코 모아뜨기를
한다.

한길긴뜨기 2코 모아뜨기

I 한길긴뜨기를 중간까지 뜨고
다음 코에 바늘을 넣어서
실을 뺀다.

2 한길긴뜨기를 중간까지 뜬다.

3 두 코의 길이를 맞춰서
한 번에 빼낸다.

4 한길긴뜨기 2코가 1코가 된다.

와 의 구별

다리가 붙어 있는 경우

아랫단의 1코에
바늘을 넣는다.

다리가 떨어져 있는 경우

아랫단의 사슬고리 아래로
바늘을 넣어 감싸듯이 뜬다.

짧은뜨기 이랑뜨기

I 아랫단 짧은뜨기의
코머리 뒤쪽 반코만 줍는다.

2 짧은뜨기한다.

3 아랫단 코머리 앞쪽의 남은 반코가
연결되어 줄이 생긴다.

사슬 3코 피콧뜨기 	I 사슬뜨기 3코를 뜬다. 화살표와 같이 짧은뜨기 머리의 사슬 반코와 다리 1가닥을 줍는다.	2  바늘에 실을 걸어서 모든 실을 빡빡하게 당겨가며 한 번에 빼낸다.	3  완성. 다음 코에 짧은뜨기한다.	

| 되돌아 짧은뜨기
 | I 
바늘을 앞쪽에서 돌려서
화살표와 같이 코를 줍는다. | 2
바늘에 실을 걸어서
화살표와 같이 실을 뺀다. | 3 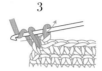
바늘에 실을 걸어
고리 두 개를 빼낸다. | 4
I~3을 반복하여
왼쪽에서 오른쪽으로 뜬다. | 5 |

| 비틀어 짧은뜨기
 | I 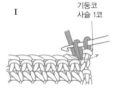
짧은뜨기 방법으로
실을 길게 빼서 화살표와 같이
바늘을 앞쪽으로 돌린다. | 2 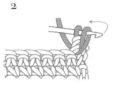
바늘을 다시 한 번
뒤쪽으로 돌린다. | 3
뜨개코를 비튼 상태로
바늘에 실을 걸어
실을 느슨하게 빼낸다. | 4 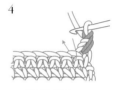
I~3을 반복한다. | 5 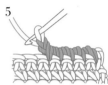
오른쪽에서 왼쪽으로 뜬다. |

| 한길긴뜨기
3코 구슬뜨기

※ 콧수가 다른 경우에도
같은 방법으로 뜬다. | I
한길긴뜨기 미완성코 3코를
뜬다(그림은 3코 중 첫 번째
코를 뜨는 방법). | 2
바늘에 실을 걸어서
한 번에 빼낸다. | 3  | 긴뜨기
3코 구슬뜨기

※ 긴뜨기 2코 구슬뜨기의
경우도 같은 방법으로 뜬다.

I
바늘에 실을 걸고 같은 자리에
긴뜨기 미완성코 3코를 뜬다
(그림은 3코 중 첫 번째
코를 뜨는 방법).

3
 | 2
바늘에 실을 걸어서
한 번에 빼낸다.

사슬 3코 |

| 긴뜨기 3코
변형 구슬뜨기
 | I
긴뜨기 미완성코 3코를 뜨고
화살표와 같이 빼낸다. | 2
바늘에 실을 걸어서
고리 두 개를 한 번에 빼낸다. | 3 | |

| 한길긴뜨기
5코 팝콘뜨기

※ 콧수가 다른 경우에도
같은 방법으로 뜬다. | I
같은 자리에 한길긴뜨기
5코 늘려뜨기를 한다. | 2 
바늘을 뺀 뒤 화살표와 같이
첫 번째 코에 다시 넣는다. | 3 
화살표와 같이 코를
빼낸다. | 4
바늘에 실을 걸어서 사슬뜨기 방법으로
1코를 뜬다. 이 코가 코머리가 된다.
사슬 3코 |

한길긴뜨기 교차뜨기

I

1코 건너뛰어 한길긴뜨기를 하고 바늘에 실을 걸어서 건너뛴 코에 바늘을 넣는다.

2

바늘에 실을 걸어서 빼고 한길긴뜨기를 한다.

3
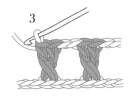
먼저 뜬 코를 나중에 뜬 코로 감싸서 뜬다.

긴뜨기 교차뜨기

한길긴뜨기 교차뜨기와 같은 방법으로 긴뜨기를 한다.

변형 한길긴뜨기 교차뜨기(왼쪽 위)

I

1코 건너뛰어 한길긴뜨기를 한다. 다음 코는 바늘을 한길긴뜨기 앞쪽으로 통과시켜 화살표와 같이 넣어서 한길긴뜨기를 한다.

2

나중에 뜬 코가 위에 겹쳐서 교차한다.

변형 한길긴뜨기 교차뜨기(오른쪽 위)

1코 건너뛰어 한길긴뜨기를 한다. 다음 코는 바늘을 한길긴뜨기 뒤쪽으로 통과시켜 화살표와 같이 넣어서 한길긴뜨기를 한다.

짧은뜨기 앞걸어뜨기

I

화살표와 같이 바늘을 넣어서 아랫단의 다리를 줍는다.

2

바늘에 실을 걸어서 짧은뜨기보다 길게 실을 뺀다.

3

4
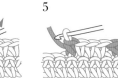
짧은뜨기와 같은 방법으로 뜬다.

5

짧은뜨기 뒤걸어뜨기

I

뒤쪽에서 바늘을 넣어 아랫단의 다리를 줍는다.

2

바늘에 실을 걸어서 화살표와 같이 뜨개바탕 뒤쪽으로 빼낸다.

3

실을 조금 길게 빼서 짧은뜨기와 같은 방법으로 뜬다.

4

한길긴뜨기 앞걸어뜨기

I

바늘에 실을 걸어서 아랫단의 다리를 화살표와 같이 앞쪽에서 줍는다.

2

바늘에 실을 걸어서 실을 길게 뺀다.

3

한길긴뜨기와 같은 방법으로 뜬다.

4
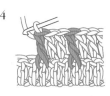

한길긴뜨기 뒤걸어뜨기

I

바늘에 실을 걸고 아랫단의 다리를 뒤쪽에서 주운 후 실을 길게 뺀다.

2

한길긴뜨기와 같은 방법으로 뜬다.

3

| 시작코 |

- 사슬뜨기로 시작코를 만들어서 뜨는 방법

(사슬코 반코와 사슬코 뒤쪽의 코산을 줍는 방법)

(사슬코 뒤쪽의 코산만 줍는 방법)

사슬코의 한쪽 실과 뒤쪽 코산의 실 1가닥을 함께 줍는다.

시작코의 사슬 모양이 예쁘게 나온다.

- 원형 시작코(한 번 감기)

바늘에 실을 걸어서 화살표와 같이 실을 빼낸다.

기둥코를 사슬뜨기한다.

고리 사이에 넣어 뜬다.

실끝의 실도 함께 감싸서 뜬다.

빡빡하게 당긴다

필요한 콧수를 넣어 뜨고 실끝을 당겨 조인다. 첫코에 화살표와 같이 바늘을 넣는다.

바늘에 실을 걸어서 빼낸다.

| 모티프 연결하기 | 바늘을 바꿔 넣어서 한길긴뜨기로 연결하는 방법

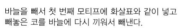

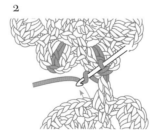

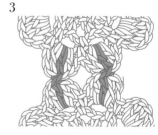

바늘을 빼서 첫 번째 모티프에 화살표와 같이 넣고 빼놓은 코를 바늘에 다시 끼워서 빼낸다.

바늘에 실을 걸어서 한길긴뜨기를 한다.

중심의 코머리가 이어진다.

| 색 바꾸기 | (원형뜨기의 경우)

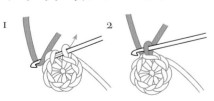

색을 바꾸기 전의 코에서 마지막 실을 뺄 때 새로운 실로 바꿔서 뜬다.

| 배색무늬뜨기 |

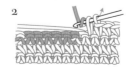

쉽게 한 실을 옆에 연결해 감싸서 뜨며 짧은뜨기한다.

실을 바꿀 때는 바꾸기 전의 코를 빼낼 때 배색실과 바탕실을 바꾼다.

| 꿰매기 / 잇기 |

휘갑치기(코와 코 잇기)

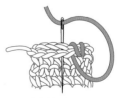

뜨개바탕을 겉쪽이 보이게 겹쳐 놓고 짧은뜨기의 코머리를 한 코씩 줍는다.

작품 디자인

아오키 에리코
우노 지히로
오카모토 게이코
가네코 쇼코
가와지 유미코
기도 다마미
Sachiyo*Fukao
스기야마 도모
하시모토 마유코
하야카와 야스코
후카세 도모미
marshell(가이 나오코)
Little Lion

staff

북 디자인	고토 미나코
촬영	시미즈 나오(표지, P.1~35)
	나카쓰지 와타루(P.36~90)
스타일링	가기야마 나미
헤어&메이크업	시모나가타 료키
모델	ALYONA
도안	누마모토 야스요 / 시로쿠마공방
편집	나가타니 지에(리틀버드)
편집 데스크	아사히신문출판 생활·문화편집부(모리 가오리)

에코안다리아 가방과 모자
여름을 위한 코바늘 손뜨개

초판 1쇄 인쇄   2021년 8월 25일
초판 1쇄 발행   2021년 8월 30일

지은이	아사히신문출판
옮긴이	김한나
감 수	정혜진
펴낸이	임현석

펴낸곳	지금이책
주소	경기도 고양시 일산서구 킨텍스로 410
전화	070-8229-3755
팩스	0303-3130-3753
이메일	now_book@naver.com
블로그	blog.naver.com/now_book
인스타그램	nowbooks_pub
등록	제2015-000174호

ISBN   979-11-88554-51-5 (13590)

실, 재료 제공

하마나카 주식회사
우 616-8585 일본 교토시 우쿄구 하나조노야부노시타초 2-3
http://www.hamanaka.co.jp
info@hamanaka.co.jp
인쇄물이므로 작품 색상이 실물과 조금 다를 수 있습니다.

의상 협찬

● Veritecoeur
tel. 81) 092-753-7559
(P.8, 9 원피스, P.12 스커트, P.15, 32 튜닉, P.17, 35 팬츠, P.21 팬츠, P.22, 23 원피스,
P.29 원피스/ Veritecoeur)
● H Product Daily Wear
tel. 81) 03-6427-8867
(P.4 원피스, P.7 데님, P.21 후드 풀오버/Hands of creation, P.7 셔츠/ OUVERT)
● KMD FARM
tel. 81) 03-5458-1791
(P.3, 26 블라우스, P.5 블라우스, P.12, 14 원피스, P.17, 35 레이스 니트/ Heriter)
● GLASTONBURY SHOWROOM
tel. 81) 03-6231-0213
(P.10, 14, 24 풀오버/ honnete, P.19 셔츠/ james mortimer, P.19 팬츠/ HOLD FAST,
P.10, 24 캐미솔 원피스, P.26 팬츠, P.31, 33 점프수트/ yarmo)
● blinc vase
tel. 81) 03-3401-2835
(안경/ SAVILE ROW, ROBERT LA ROCHE VINTAGE, megane and me)

소품 협찬

AWABEES
UTUWA
TITLES